U0171627

矿山高效永磁涡流驱动关键装备及技术研究

王 爽　郭永存　　著
胡 坤　李德永

机械工业出版社

本书针对重载起动、磨损剧烈、污染严重等恶劣煤矿环境下的机械系统的传动节能问题，通过现场调研、理论分析、建模仿真与试验研究相结合的方法，以煤矿大型带式输送机为例，探索电动机—双盘式磁力耦合器—大型带式输送机之间的联合工作特性，建立不同工况下大型带式输送机永磁涡流传动模型，研究永磁磁场—温度场之间的耦合机理，并利用磁路法与有限元法明确永磁涡流传动系统输出特性与永磁材料、盘间气隙、铜盘厚度、磁铁厚度、磁极面积、磁极对数等参数之间的量化关系，提出与之相协调的自适应保护控制策略；基于大型带式输送机永磁涡流传动试验台，开展相关综合性能试验研究，并与理论结果进行对比分析。在此基础上，提出了一种新型复合式磁力耦合器结构形式，从轴向/径向同时充磁，增大感应磁场面积，并采用理论分析、计算机仿真和试验验证相结合的方式，对其进行系统、深入研究。针对煤矿井下特殊环境，以复合式磁力耦合器为对象，以安全高效、节能环保、平稳传动和减小体积为目标，理论计算、仿真分析与试验验证相结合，围绕复合式磁力耦合器的主要结构设计、磁力传动分析、永磁—热耦合分析以及测试平台设计等关键性问题展开研究，为研制煤矿高效永磁涡流传动关键装备及技术提供重要的理论参考与技术支持。

本书理论分析、仿真模拟、试验数据翔实，内容安排循序渐进，深入浅出，适合理工院校机械工程、电子工程等相关专业的高年级本科生、研究生及教师使用，同时也可以作为相关煤矿工程技术人员从事工程研究的参考书。

图书在版编目（CIP）数据

矿山高效永磁涡流驱动关键装备及技术研究/王爽等著. —北京：机械
工业出版社，2022.9
ISBN 978-7-111-70974-9

Ⅰ.①矿…　Ⅱ.①王…　Ⅲ.①矿山-永磁电动机-研究　Ⅳ.①TD4

中国版本图书馆 CIP 数据核字（2022）第 099104 号

机械工业出版社（北京市百万庄大街 22 号　邮政编码 100037）
策划编辑：王　博　　　　　责任编辑：王　博　王　良
责任校对：张晓蓉　刘雅娜　封面设计：马若濛
责任印制：张　博
北京雁林吉兆印刷有限公司印刷
2022 年 9 月第 1 版第 1 次印刷
184mm×260mm · 10.75 印张 · 258 千字
标准书号：ISBN 978-7-111-70974-9
定价：59.80 元

电话服务　　　　　　　　　网络服务
客服电话：010-88361066　　机 工 官 网：www.cmpbook.com
　　　　　010-88379833　　机 工 官 博：weibo.com/cmp1952
　　　　　010-68326294　　金　书　网：www.golden-book.com
封底无防伪标均为盗版　机工教育服务网：www.cmpedu.com

前　言

永磁涡流传动技术是一种新型调速技术，具有轻载起动、过载保护、隔离振动、零泄漏、节能环保等特性，在发电、冶金、污水处理、采矿与水泥、制药、化工等需要重载大转矩输送设备的行业具有广泛应用前景。本书以煤矿大型带式输送机为例，研究其高效永磁涡流传动特性。大型带式输送机一般运量大、运距长，加之其牵引构件的特殊性，在起制动过程中所表现出的动态特性极其复杂。针对现有大型带式输送机传动装置的缺陷，作者提出了一种大型带式输送机永磁涡流传动装置，可以实现非接触式传递动力，具有安全高效、绿色节能、低碳环保、传递平稳等优点。针对大型带式输送机的起制动工况，根据等效磁路法建立了双盘式磁力耦合器的数学模型；研究电动机—双盘式磁力耦合器—滚筒等多部件的整体工作性能以及与之协调的控制策略，分析双盘式磁力耦合器在多电动机功率平衡情况下的应用；基于单因素分析法，优化分析双盘式磁力耦合器的参数（如永磁材料、盘间气隙、铜盘厚度、磁铁厚度、磁极面积、磁极对数等）对其输出能力的影响；考虑磁场—温度场—应力场等多物理场的耦合作用，分析双盘式磁力耦合器的涡流损耗特性；利用试验台测试 45kW 双盘式磁力耦合器（输入最大转速为 1500r/min，转速差率为 2.5%）的输出特性与可靠性。全书主要内容如下：

综述了传统和新型大型带式输送机传动装置的作用、原理及特点，并对其性能进行了比较；概述了永磁涡流传动技术的优越性和发展历程；着重阐述了永磁涡流传动技术在大型带式输送机中的应用，并总结了永磁涡流传动技术最新的研究成果与应用研究现状；简要概括了本书所涉课题的研究意义、研究难点与研究内容。

基于等效磁路法，建立了双盘式磁力耦合器的数学模型，分析了双盘式磁力耦合器的能量传递过程、功率损耗、输出转矩等特性，联立三相异步电动机、减速器、双盘式磁力耦合器与带式输送机，系统研究了以上各装置的联合工作特性，并提出了与之协调的控制策略；以 Harrison 曲线启动为例，模拟了带式输送机永磁涡流传动装置的工作过程；分析了双盘式磁力耦合器在多电动机功率平衡下的应用情况。

建立了双盘式磁力耦合器的三维模型，运用三维有限元软件对双盘式磁力耦合器的输出特性进行仿真。模拟大型带式输送机的实际工况，基于单因素分析法，探讨不同永磁体个数及正对面积、永磁体厚度和铜盘厚度等结构参数对双盘式磁力耦合器输出转速与输出转矩的影响，并得出双盘式磁力耦合器的最优结构参数。基于热力学理论，模拟煤矿井下特定工况，仿真双盘式磁力耦合器的整体及各部件的温度分布，并得出不同转速差下双盘式磁力耦合器关键部位的温升曲线。针对目前双盘式磁力耦合器采用最广泛的散热方式——肋片散热及风冷强迫对流散热，依据最小热阻理论，选取双盘式磁力耦合器散热装置的几何尺寸作为目标函数，运用数学软件进行最优化参数设计，最终得到散热装置的最佳设计参数。

基于 45kW 带式输送机永磁涡流传动试验台，依次测试了永磁涡流传动装置的输出特性、过载堵转特性、电流冲击特性以及多电动机功率平衡特性。结果表明，它具有良好的传动特性、较快的响应度、较好的功率平衡性能，冲击电流峰值小、冲击时间短，这些优势为进一步将其应用于大型带式输送机提供了理论和试验依据。

基于现有筒式和盘式磁力耦合器的结构特点及工作特性，依据永磁涡流传动原理，提出了一种复合式磁力耦合器，其永磁体在径向和轴向同时充磁，铜导体在径向和轴向同时切割磁力线，增加电磁阻尼，并对新型复合式磁力耦合器的总体结构与设计方法进行了研究。

传统的三维有限元方法计算漏磁系数时需要耗费大量的建模及计算时间。考虑漏磁效应，建立了复合式磁力耦合器等效磁路网络模型，由此得到了复合式磁力耦合器漏磁系数的计算公式，实现了运用简单磁路公式快速精准分析复杂结构磁力耦合器漏磁的目的。

应用化"场"为"路"法，建立了复合式磁力耦合器气隙磁场的数学表达式。根据电流叠加性原理，将电流折算至导体表面，并且沿着圆周方向对感应电动势积分，推导出复合式磁力耦合器的输出转矩模型。仿真结果显示：复合式磁力耦合器相较于同等尺寸条件的双盘式磁力耦合器，实现了磁通密度的增大。

基于改进的响应曲面法，应用 Ansoft Maxwell 与 Design Expect 8.0 软件，设计多因素多响应值二次正交旋转组合试验对复合式磁力耦合器结构参数进行优化分析，实现了复合式磁力耦合器最优结构布局与参数选择。

提出了一种基于永磁—热耦合的三维有限元分析方法，应用搭建永磁—热耦合有限元模型，分析涡流热量对铜导体与永磁体性能的影响，将涡流产生的热功率作为热源载荷依次导入 Transient Thermal 模块的温度场，再将温度场的仿真结果修正复合式磁力耦合器的性能参数，实现了复合式磁力耦合器三维有限元仿真精度的提高。

设计了复合式磁力耦合器测试平台系统，依次对漏磁效应、磁力传动特性、机械特性、永磁—热耦合特性进行测试，并验证改进响应面优化结果，得到了如下结论：复合式磁力耦合器的传递效率高，机械特性偏软，具有良好的磁力传动能力以及过载保护能力。

本书由安徽理工大学王爽等人编著，理论分析、仿真模拟、试验数据翔实，内容安排循序渐进，深入浅出，适合理工院校机械工程、电子工程等相关专业的高年级本科生、研究生及教师使用，同时也可以作为相关煤矿工程技术人员从事工程研究的参考书。

由于著者水平有限，疏漏之处在所难免，恳请读者批评指正。

著 者

目　录

前言

第1章　绪论 ……………………………………………………………………………… 1

1.1　背景及研究意义 …………………………………………………………………… 1

1.2　磁力耦合器的研究发展现状 ……………………………………………………… 3

1.3　现有矿山机械传动方式的作用、分类及原理和特点 …………………………… 4

1.3.1　矿山机械传动的影响机理研究 …………………………………………… 4

1.3.2　调速型液力耦合技术 ……………………………………………………… 5

1.3.3　液黏性调速技术 …………………………………………………………… 6

1.3.4　变频调速技术 ……………………………………………………………… 7

1.4　永磁涡流传动技术及其优点 ……………………………………………………… 8

1.4.1　永磁涡流传动技术的原理 ………………………………………………… 8

1.4.2　永磁涡流传动技术的优点 ………………………………………………… 9

1.5　现阶段磁力耦合器研究存在的问题 ……………………………………………… 10

1.5.1　技术研究难点 ……………………………………………………………… 10

1.5.2　课题研究内容 ……………………………………………………………… 11

第2章　双盘式磁力耦合器的永磁涡流理论与分析 ……………………………… 14

2.1　磁力耦合器的典型结构 …………………………………………………………… 14

2.2　双盘式磁力耦合器的基本结构 …………………………………………………… 15

2.3　双盘式磁力耦合器的永磁涡流理论 ……………………………………………… 16

2.3.1　能量传输过程 ……………………………………………………………… 16

2.3.2　磁场假设与磁路分析 ……………………………………………………… 16

2.3.3　磁场计算 …………………………………………………………………… 17

2.3.4　功率损耗计算 ……………………………………………………………… 20

2.3.5　输出转矩计算 ……………………………………………………………… 20

2.4　本章小结 …………………………………………………………………………… 21

第3章　双盘式磁力耦合器的工作特性与控制策略研究 ………………………… 22

3.1　双盘式磁力耦合器的工作特性 …………………………………………………… 22

3.2　大型带式输送机永磁涡流传动系统的工作特性 ………………………………… 23

3.2.1　带式输送机的工作特性 …………………………………………………… 23

3.2.2 减速器的工作特性 ································· 24

3.2.3 永磁涡流传动系统数学模型的建立 ··················· 24

3.3 大型带式输送机永磁涡流传动控制策略的研究 ············· 25

3.3.1 反馈控制系统研究 ······························ 26

3.3.2 永磁涡流传动过程理论分析 ······················· 26

3.3.3 大型带式输送机传动控制系统的研究 ················· 28

3.3.4 多电动机功率平衡条件下的永磁涡流传动特性 ··········· 32

3.4 本章小结 ····································· 36

第4章 双盘式磁力耦合器的振动噪声分析与参数优化 ············ 37

4.1 双盘式磁力耦合器振动噪声分析与试验研究 ·············· 37

4.1.1 电磁径向力解析模型的建立 ······················· 37

4.1.2 谐波分析与有限元模拟 ·························· 38

4.2 电磁径向力波谐波响应 NVH 特性分析 ················· 39

4.2.1 有限元分析 ································· 39

4.2.2 叠加响应分析 ································ 42

4.3 模态叠加法与流程分析 ·························· 42

4.4 振动噪声试验与计算 ··························· 43

4.4.1 试验参数 ·································· 43

4.4.2 试验内容 ·································· 44

4.4.3 双盘式磁力耦合器的振动噪声计算 ·················· 45

4.5 双盘式磁力耦合器的气隙优化 ····················· 46

4.6 双盘式磁力耦合器永磁体个数及正对面积的优化 ··········· 48

4.7 双盘式磁力耦合器永磁体厚度的优化 ················· 50

4.8 双盘式磁力耦合器铜盘厚度的优化 ·················· 52

4.9 本章小结 ···································· 52

第5章 双盘式磁力耦合器的涡流损耗与温度场分析 ············ 54

5.1 双盘式磁力耦合器涡流损耗的有限元计算 ··············· 54

5.1.1 有限元计算基本步骤 ···························· 54

5.1.2 模拟结果和分析 ······························ 56

5.2 双盘式磁力耦合器温度场分析 ····················· 58

5.2.1 传热学基本理论 ······························ 58

5.2.2 温度场研究的前处理 ···························· 60

5.3 三维温度场的有限元分析 ························· 62

5.4 双盘式磁力耦合器风冷散热装置研究 ················· 64

5.4.1 双盘式磁力耦合器风冷散热片 ····················· 64

5.4.2 风冷散热片参数优化 ···························· 65

5.4.3 风冷散热装置结构参数多物理场分析 ················· 69

5.5 本章小结 ···································· 74

第6章　双盘式磁力耦合器试验与特性分析 ································ 76
　6.1　试验台及其测试系统的构建 ································· 76
　6.2　试验台的工作原理 ··· 79
　6.3　试验研究 ··· 80
　　6.3.1　输出转速测试 ··· 80
　　6.3.2　软起动测试 ·· 82
　　6.3.3　滑脱点测量 ·· 84
　　6.3.4　起动瞬时电动机电流对电网的影响 ··············· 85
　　6.3.5　多电动机功率平衡的试验验证 ····················· 86
　　6.3.6　风冷散热测试 ··· 88
　6.4　本章小结 ··· 89

第7章　新型复合式磁力耦合器设计与三维度漏磁损耗计算方法 ······ 91
　7.1　复合式磁力耦合器的新型设计 ······························ 91
　　7.1.1　复合式磁力耦合器设计方法 ························· 91
　　7.1.2　复合式磁力耦合器结构设计 ························· 91
　　7.1.3　复合式磁力耦合器的工作原理 ····················· 92
　7.2　复合式磁力耦合器三维度漏磁损耗计算方法 ·············· 93
　　7.2.1　空载等效磁路网络模型 ································ 93
　　7.2.2　各部分磁阻分析计算 ···································· 94
　7.3　三维有限元验证 ··· 99
　7.4　本章小结 ··· 103

第8章　复合式磁力耦合器磁力传动理论及仿真分析 ··············· 105
　8.1　复合式磁力耦合器的磁路设计与分析 ····················· 105
　8.2　磁场转矩模型 ·· 108
　8.3　复合式磁场特性的单因素影响规律分析 ··················· 110
　　8.3.1　气隙（轴向或径向）长度对输出转矩的影响 ······ 112
　　8.3.2　磁极数（轴向或径向）对输出转矩的影响 ········· 113
　　8.3.3　永磁体厚度对输出转矩的影响 ····················· 115
　　8.3.4　铜转子的槽数对输出转矩的影响 ·················· 116
　　8.3.5　铜导体的厚度对输出转矩的影响 ·················· 117
　8.4　本章小结 ··· 119

第9章　基于改进响应面方法的复合式磁力耦合器优化分析 ········· 120
　9.1　响应面方法 ··· 120
　　9.1.1　响应面方法的基本理论 ································ 120
　　9.1.2　响应面方法的改进 ······································ 123
　9.2　改进响应面方法的误差分析 ································· 124
　9.3　基于改进响应面方法的复合式磁力耦合器结构参数优化 ··· 125
　　9.3.1　基于改进响应面方法的结构参数优化模型 ········ 125

9.3.2 基于改进响应面方法的流程分析 ……………………………… 125
9.3.3 单因素影响分析 ………………………………………………… 127
9.3.4 改进响应面试验设计 …………………………………………… 127
9.4 参数优化与验证 ……………………………………………………… 133
9.5 本章小结 ……………………………………………………………… 134

第10章 基于永磁—热耦合有限元分析的复合式磁力耦合器性能研究 …… 135
10.1 永磁—热耦合仿真模块搭建与温度场仿真 ……………………… 135
10.1.1 导热微分方程 ………………………………………………… 135
10.1.2 建立温度场的数学模型 ……………………………………… 136
10.2 永磁—热耦合分析流程 …………………………………………… 138
10.2.1 联合仿真平台搭建 …………………………………………… 138
10.2.2 联合仿真参数设置 …………………………………………… 139
10.2.3 表面传热系数确定 …………………………………………… 139
10.2.4 温度场载荷分布及计算结果 ………………………………… 140
10.3 复合式磁力耦合器性能参数修正 ………………………………… 142
10.3.1 温度对复合式磁力耦合器铜导体电导率的影响 …………… 142
10.3.2 温度对复合式磁力耦合器永磁体性能的影响 ……………… 143
10.3.3 性能参数修正 ………………………………………………… 143
10.4 本章小结 …………………………………………………………… 144

第11章 多场耦合下复合式磁力耦合器试验研究与特性测试 ………… 146
11.1 试验的目的及意义 ………………………………………………… 146
11.2 试验系统的搭建 …………………………………………………… 146
11.2.1 硬件系统 ……………………………………………………… 146
11.2.2 试验测量参数采集系统 ……………………………………… 146
11.2.3 复合式磁力耦合器试验样机研制 …………………………… 148
11.3 试验方法及内容 …………………………………………………… 149
11.3.1 三维度漏磁损耗效应的验证试验 …………………………… 149
11.3.2 改进响应面优化的验证试验 ………………………………… 151
11.3.3 复合式磁力耦合器磁力传动特性试验 ……………………… 151
11.3.4 复合式磁力耦合器机械特性以及过载保护特性试验 ……… 152
11.3.5 永磁—热耦合试验 …………………………………………… 153
11.4 本章小结 …………………………………………………………… 156

第12章 结论和展望 ……………………………………………………… 157
12.1 结论 ………………………………………………………………… 157
12.2 展望 ………………………………………………………………… 159

参考文献 …………………………………………………………………… 161

第1章 绪　论

1.1　背景及研究意义

随着能源与危机意识的不断加强，节能减排、推进绿色低碳发展已经得到世界各国的重点关注。永磁驱动是一种新型的传动技术，是综合应用了机械、材料、电磁感应、制造、控制、热工技术的集成技术，基于此技术研发的磁力耦合器具有无机械接触、高效驱动、环保节能、维护简单、寿命长等特点，是革命性的传动节能产品。因此，永磁驱动技术越来越受到关注和重视，并随着永磁材料的不断发展，理论试验研究不断深入，工业生产应用范围也越来越广。

磁力耦合器是实现永磁驱动技术的一种装置，它以气隙的方式取代了以往电动机与负载之间的物理性连接方式，当电动机旋转时，带动铜盘在磁盘所产生的强磁场中切割磁力线，铜盘中产生涡流，该涡流反过来在铜盘周围产生反感磁场，阻止铜盘与磁盘的相对运动，从而实现了电动机与负载之间的转矩传输。图1-1所示为现有磁力耦合器的虚拟样机。

  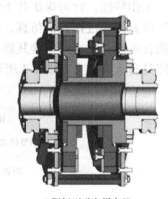

a) 磁力联轴器　　　　　　b) 调速型磁力耦合器　　　　　c) 限矩型磁力耦合器

图1-1　现有磁力耦合器的虚拟样机

国产磁力耦合器在技术水平和质量上与发达国家生产的磁力耦合器还有较大差距，现有的磁力耦合器在非均匀高负载情况下，存在振动较激烈、温升较快、体积较大、安装使用不便等一系列问题。为了提高我国现有磁力耦合器的高效性、可靠性、节能性等三项关键质量特性的水平，必须对机械—磁场—热力学等交叉理论进行系统深入的研究，提出一套系统的、具有可操作性的理论和方法去支持磁力耦合器的高质量传动。发达国家将磁力耦合器列为战略物资，对我国实行严格的技术封锁。可见，要提高国家机电装备的水平，磁力耦合器的生产必须依靠我们自己，通过提高自己的科技水平逐步打破国外设置的壁垒。

基于安徽理工大学矿山安全高效关键技术及装备课题组研制大型带式输送机磁力传动装置的研究经验，该装置为调速型双盘异步式磁力耦合器。它使用执行机构调节铜盘转子与磁盘转子之间的气隙宽度，改变负载端的转速，该装置如图1-2所示。它的缺点是该装置传递转矩较小，当传递相同的功率时，占用空间体积大于复合式磁力耦合器。

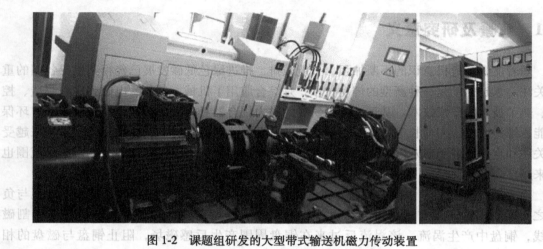

图1-2　课题组研发的大型带式输送机磁力传动装置

为此，课题组以复合式磁力耦合器为对象，综合分析现有筒式和盘式磁力耦合器的结构特点、工作特性，针对煤矿井下特殊的工作环境，开展复合式磁力耦合器的设计以及磁力传动机理研究。通过计算机仿真、优化设计算法和样机试验研究相结合的方法，研究永磁涡流传动耦合机理，建立并完善其理论，形成复合式磁力耦合器的设计方法，对提升煤矿机械传动性能具有重要意义。图1-3所示为复合式磁力耦合器的结构示意。

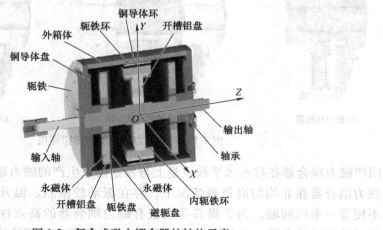

图1-3　复合式磁力耦合器的结构示意

1.2 磁力耦合器的研究发展现状

磁力耦合器是一种新型的调速设备，具有轻载起动、过载保护、隔离振动等特性，因此，受到国内外学者的广泛关注。现有的磁力耦合器大致可分为两类：径向筒式磁力耦合器和轴向盘式磁力耦合器。它们的研究发展状况如下：

1. 径向筒式磁力耦合器的研究发展现状

1999 年，美国 MagnaDrive 公司提出调速型涡流式永磁耦合器技术，实现了对风机、泵类负载的调速，大大提高了传动效率和电动机系统运行的可靠性；2002 年，意大利都灵大学学者 A. Canova 采用基因多目标程序，分别研究了不同定子和转子结构时，径向磁力耦合器的优化方法，针对惯性与输出转矩，对单、双盘磁力耦合器的结构性能进行对比；2008 年，法国缅因大学 R. Ravaud 等人基于库仑定律，同时建立了二维/三维径向筒式永磁磁场的计算公式，并将两者计算结果进行比较；2014 年，韩国忠南大学学者 Han-Bit Kang 进行了关于同步式径向磁力耦合器的转矩计算及参数分析，基于磁矢量建立了永磁体磁场的解析式，并采用二维非线性有限元法进行验证；2014 年，韩国忠南大学学者 Kyung-Tae Kim 等人提出了一种通过修改转子形状和永久磁铁在内部的永磁型大功率高压电动机抑制轴电压的方法，优化了所提出的模型，并通过试验验证了所设计模型的轴电压抑制效果；2016 年，韩国忠南大学 Chang-Woo Kim 和 Jang-Young Choi 提出了一种采用海尔贝克阵列永磁体排列的径向磁力耦合器，根据泊松-拉普拉斯方程建立了磁场的解析模型，并采用麦克斯韦应力张量法计算磁场力。

在国内，开发和研究磁力耦合器起步较晚。江苏大学蒋生发等人成功研制出 0.75~160kW 同步筒式磁力联轴器，并在磁力泵上得到了成功应用。在此基础上杨超君、蒋生发等人又创新出一种以解决密封为主要问题的新型耐高温永磁感应式磁力传动技术，并自主研发了永磁感应式磁力传动装置，解决了内转子上永磁体在高温下的退磁问题；2011 年，江苏大学杨超君对可调速异步盘式磁力联轴器（筒式结构）进行了结构设计，并对其传动过程进行了数值模拟；2015 年，南京理工大学孙中圣等人深入研究筒式永磁调速器的磁场及机械特性，得出了筒式永磁调速器的磁场和涡流分布情况，以及输出功率和转矩随转差率和啮合面积的变化曲线；2016 年，大连交通大学葛研军又采用标量磁位法与二维场边界条件，建立了气隙磁场数理模型，在气隙磁通密度中引入时间变量，推导出感应电流随时间变化的表达式，并建立了笼型异步磁力耦合器（筒式结构）的输出转矩模型。

2. 轴向盘式磁力耦合器的研究发展现状

2008 年，意大利都灵大学 A. Canova 与 Bruno Vusini 采用不同的数值分析方法研究轴向涡流耦合器，基于分离变量法，将三维磁场简化为平面磁场，并将解析模型与有限元模型进行对比，验证了解析模型的正确性；2013 年，法国洛林大学 Thierry Lubin 等人基于二维平面磁场，利用解析法分别研究了稳态和瞬态两种情况下轴向盘式磁力耦合器的传递性能；2014 年，韩国忠南大学 Sang-A Hong 等人基于空间谐波分析法，研究了轴向磁化型耦合器的机械特性，并引入磁矢量建立二维磁力模型，与单极坐标系法相比，采用双极坐标法更易于计算轴向磁化型耦合器的磁场；2014 年，韩国忠南大学学者 Mi-Ching Tsai 开发了一种非接触式测量系统，在理论上推导了轴向磁力耦合器的等效电路模型，并在大功率工作条件下进行了试验验证。

在国内，兰州 510 所设计出的磁力传动器获国家发明三等奖，并在兰州、镇海、南海炼油厂应用成功。2007 年，我国开始在发电行业引进美国永磁驱动技术，目前仅有少数企业在中小型产品方面进行仿制，大型高参数装置还依赖进口，特别是 6000kW 以上，转速 5000~6650r/min 的大功率传动调速装置目前完全从国外进口。2011 年，武汉纺织大学梅顺齐综述了轴向磁力耦合驱动机构设计理论与方法、动态性能、磁场分布计算等方面的研究和应用现状，以及现有方法存在的局限和问题；2012 年，齐齐哈尔大学张洪军推导了磁力耦合器单纯性起动脱耦的判定条件，并用转矩与转角差试验台进行了试验，验证了单纯性起动脱耦的判定条件；2014 年，杨超君提出一种新型 18 极 16 槽盘式异步磁力联轴器，以层理论模型为指导，分析得出联轴器的转矩理论计算方法，并得出不同工作参数与转矩、效率的关系曲线；2014 年，中国矿业大学（北京）牛耀宏设计了测试平台，试验得出了气隙、铜盘厚度、磁铁厚度、磁极面积、磁极数对磁力耦合器机械和工作特性的影响关系，优化确定了 40kW 矿用磁力耦合器的设计参数；2016 年，杨超君提出一种 14 对极 21 个调磁极片的调磁式异步磁力联轴器，为研究其气隙中永磁磁场与调制磁场的空间分布规律，利用有限元模拟的方法，得出静态与瞬态下三维气隙磁场的分布及周期性；2016 年，东北石油大学何富君建立磁力耦合器传动试验台，从试验结果曲线上确定耦合器合理的工作区间，在此工作区间内，耦合器具有高效率和较高的起动转矩，能够缓冲负载波动，传动性能良好。

1.3 现有矿山机械传动方式的作用、分类及原理和特点

带式输送机是目前世界上最重要的散状物料运输设备之一，具有长距离、大运量、可连续输送、易于集中控制等优点，主要应用于煤炭、冶金、建材、港口、化工及物流等行业。尤其是在煤炭工业中，带式输送机使用最为广泛，可用于采区顺槽，采区上下山，主要用于平巷、主斜井以及地面选煤厂等原煤运输环节，是煤炭生产系统中重要的组成部分。

1.3.1 矿山机械传动的影响机理研究

众所周知，矿山机械经常带载起动，甚至发生过载工作，因此，矿山机械对传动设备的要求主要体现在起动及制动阶段中能最大限度地降低系统冲击与起动电流，实现传动及过载保护。图 1-4 所示为轴向单盘式磁力耦合器应用于矿山机械。

现阶段煤矿井下机械设备种类繁多，虽然工作条件各异，但都必须具备防爆特性。磁力耦合器没有可燃性的工作介质，更加适合易燃易爆性的工作环境，因此，研制适用于煤矿井下的磁力耦合器，比如用于带式输送机等重载机械设备的传动、软制动与无级调速方面，可大大提高井下生产的安全可靠性，大幅度降低带式输送机的设备维护成本，提高煤矿企业的生产效率。现阶段国内外常见的矿山机械软起制动技术主要为液力耦合调速技术、液黏性调速技术以及变频调速技术。

图 1-4 轴向单盘式磁力耦合器应用于矿山机械

1.3.2 调速型液力耦合技术

液力耦合器是煤矿最常见的软起（制）动设备之一，从最初的普通型、限矩型，经过多年的改进而发展到今天的调速型、阀控型，因其性价比高、技术成熟、易于维护，至今仍受到煤矿用户的欢迎。调速型液力耦合器如图 1-5 所示，其调速原理简单，依靠调节充油量就可以改变输出轴的力矩及转速大小，现有常见的类型是出口调节式和阀控式两种。其中，出口调节式调速型液力耦合器在副油腔内设有可移动的勺管，用于改变流道的充油量进行调速；而阀控式调速型液力耦合器则在回路专门设有电磁阀来控制流道的充油量，从而改变输出轴的力矩及转速。

图 1-5 调速型液力耦合器

在世界上英国液力驱动工程公司（FLUIDRIVE）首先开始大批量生产和销售液力耦合器，1932 年，德国福依特（VOITH）公司购买了英国液力驱动工程公司的专利技术，在结构上做了进一步改进，使其性能有了较大的提高，并开发衍生了多种产品。迄今为止福依特公司已成为国际上生产液力耦合器品种最齐全、产量最大、质量最为可靠的公司之一。除德国、英国之外，日本、苏联、美国的液力耦合器生产技术也较为先进，都设有生产液力耦合器的专业工厂。

国内液力耦合器的生产应用相对较晚。1979年，大连液力机械厂从英国液力驱动工程公司引进技术开始生产调速型液力耦合器；1980年，蚌埠液力机械厂从德国福依特公司引进技术研制成功了SVN调速型液力耦合器；1990年，广东郁南液力机械厂开始批量生产液力耦合器。此外，我国一些科研院所及高校也研制了少量的调速型液力耦合器。其中，煤炭科学研究总院（简称煤科总院）上海分院研制的调速型液力耦合器专门用于解决煤矿大功率带式输送机慢速起动及功率平衡问题，其主要性能参数已达到了国际先进水平。

调速型液力耦合器的优点表现在：技术成熟，设备投资少，运营费用低，结构简单可靠，无机械磨损，能在恶劣的环境下工作；起动时间可根据带式输送机的主参数调节，使输送机按照S形起动速度曲线平稳起动；能使笼型电动机空载起动，提高其起动能力；用于多电动机驱动时，便于调节功率平衡；隔离转矩，减缓冲击，防止动力过载。它的缺点是：装置体积过大，有转速差、效率损失，调速精度不高，高速充液量可调性较差，油液易泄漏污染环境。

1.3.3 液黏性调速技术

液黏性调速装置主要由行星齿轮减速器与可控液黏离合器组成，其工作原理如图1-6所示，通过调节离合器中的油压，利用摩擦片间所形成的油膜的动力黏性来传递动力，并控制减速器输出轴的转速，使带式输送机按照设定的速度曲线运行，实现输送机的平稳软起（制）动。

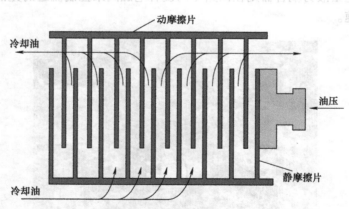

图1-6 差动轮系液黏性调速装置的工作原理

液黏性调速技术在欧美大型带式输送机上广泛应用，而最具代表性的产品分别为美国Rockwell Dodge公司的CST系统和澳大利亚NM采矿国际有限公司的BOSS系统。其中CST可控起动传输系统是一种带有电-液反馈控制及齿轮减速器，在低速轴端装有线性湿式离合器，专为带式输送机设计的机电一体化的高技术、高可靠性驱动系统，它是运用速度、压力和电流反馈及PID（PID控制器）调节手段，通过调节油压实现输送带可控制起动的装置。由于该装置采用机电一体化设计，驱动装置具有加速度和减速度可控；限制传动的力矩大小；对所有的主要组件提供过载保护；隔离机械冲击；带有油压、电动机功率等监测功能，可按理想的曲线实现带式输送机平稳起制动，减小惯性力和起制动冲击。

　　液黏性调速技术的优点是：调速精度高，可以变速运行；稳定运行阶段，不会产生转速差，没有效率损失；可大幅度降低输送带的张力峰值；采用 CST 系统后，输送带的安全系数最低可降至 1.9，但系统安全度不变。它的缺点是：控制系统复杂，使用维护要求高，对油的黏度与清洁度要求也高；产品完全依赖进口，使用过程中的备品备件也必须进口，价格昂贵，事故处理也依赖外国公司。

1.3.4　变频调速技术

　　变频调速装置主要由 IGBT（绝缘栅双极型晶体管）、控制器与电抗器等组成。其工作原理是：通过控制器来调节功率器件中的 IGBT 绝缘栅极，使进入功率器件的交流电源的频率发生变化。根据电动机转速公式

$$n=60f/p$$

式中，n 为电动机的转速；f 为交流电源的频率；p 为电动机的磁极对数。电动机转速与输入电源频率成正比。当交流电源的频率由小到大时，电动机转速也随之由小到大。通过控制电源频率变化范围和时间，就可使带式输送机按照设定的速度曲线平稳起动。矿用防爆变频器如图 1-7 所示。

图 1-7　矿用防爆变频器

　　20 世纪 80 年代初，变频调速技术真正从试验室走向了商品化。在几十年的时间内，经历了由模拟控制到全数字控制和由采用 BJT（双极结型晶体管）到采用 IGBT 两个大的发展过程。随着电力电子器件和控制技术的不断进步，使变频器向多功能化和高性能化方向发展，特别是微型计算机的应用，为变频器多功能化和高性能化提供了可靠保证。通用变频器经历了模拟控制、数字控制、数模混合控制，直到全数字控制的演变，逐步实现了多功能化和高性能化。目前，生产变频器的厂家众多，欧美主要有 ABB、SEW、伦次、施耐德、西门子、GE、艾默生和博世力士乐等；日系品牌主要有富士、三菱、安川、欧姆龙、松下、东芝、三垦、东洋和日立等；我国台湾地区品牌也占有一席之地，主要有欧林、台达、东达、普传、东菱、利佳、宁茂、三基、台安和腾龙等。

　　相对于工业化国家和我国台湾地区来说，我国大陆变频器行业起步比较晚，到 20 世纪 90 年代初，业内企业才开始认识变频器的作用，并开始尝试使用，境外的变频器产品正式涌进我国大陆市场。进入 21 世纪，我国大陆变频器得到了前所未有的发展，我国大陆变频

器企业由 1996 年底不到 50 家，到 2021 年共计 589 家。象征高性能技术的无速度控制技术、矢量控制技术和转矩控制技术也已广泛应用在我国大陆产主流变频器中。此外，工业和信息化部已经把发展全控型电力电子器件纳入工作计划，我国大陆部分集成电路生产企业已经具备 IGBT 和 MOSFET（金属-氧化物半导体场效应晶体管）的流片技术，打破了变频器的核心——IGBT 器件始终依赖进口的局面。

变频调速技术的主要优点是：调速精度高；效率高；调速范围大；可以变速运行。它的缺点是：电动机不能空载起动；控制电路复杂，成本高；要有专用的变频电源；对外界电源有污染。

综上所述，调速型液力耦合器传动性能良好，但体积过大，油液易泄漏污染环境，调速精度不高，装机功率较小。变频调速技术装备体积小，调速精度高，效率高，调速范围大，但电动机不能空载起动；控制电路复杂，成本高；对外界电源有污染。液黏性调速技术中的 CST 系统与 BOSS 系统综合性能最好，但其结构复杂，价格昂贵，核心技术被国外垄断，产品全部依赖进口。

1.4　永磁涡流传动技术及其优点

1.4.1　永磁涡流传动技术的原理

永磁涡流传动技术是近年来兴起的一门非接触传动技术，它通过导体与永磁体（异步式）或两个永磁体之间（同步式）的相对运动，利用磁场穿过磁路工作气隙进行运动和动力传递，并可以通过主从动体之间气隙的调整、控制、传递转矩和负载速度。永磁涡流传动装置（下文均指双盘式结构）实物和结构示意分别如图 1-8a 和图 1-8b 所示。

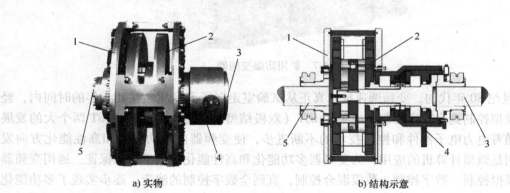

a) 实物　　　　　　　　　　　b) 结构示意

图 1-8　永磁涡流传动装置
1—导体盘　2—磁体盘　3—输出轴　4—气隙调节装置　5—输入轴

与传统的机械联轴器和矿用液力耦合器相比，永磁涡流传动装置的优点是：结构简单，安装、拆卸、调试、维修简便，节能，工作效率高；不需要可燃性工作介质，无环境污染；采用非接触式传动，允许安装误差大，隔振效果好，运行平稳，使用寿命长；没有传统传动装置中的动密封，实现了静密封、零泄漏；具有过载保护功能；传动、缓制动和调速特性好，不产生谐波，对整个工作系统不产生电磁干扰。经过近年来的快速发展，永磁涡流传动技术及其装备取得了长足的进步，目前已应用于电力、船舶、冶金、化工、建材、制药、环境等行业中。此外，永磁涡流传动技术优异的工作特性也非常适合煤矿井下恶劣的生产环境，在采、掘、提、运、通、排等煤矿装备的机械传动中系统可以替代现有机械联轴器、液力耦合器及部分变频调速装置等，它高效的可控调速性能，大功率传动的可靠性、稳定性，恶劣环境的适应性和低运行成本也更具优势，应用前景极其广阔。

1.4.2　永磁涡流传动技术的优点

永磁涡流传动技术以非接触式的磁场来传递动力，并可以通过主从动盘体之间气隙的调整、控制、传递转矩和负载速度，与以上三种传统的装置相比具有优异的工作性能，见表 1-1，非常适合大型带式输送机使用。

表 1-1　常用带式输送机调速技术比较

调速类型	调速型液力耦合器	液黏性调速		变频调速	磁力耦合器
		CST	BOSS		
速度控制	较好	好	好	好	好
控制系统	简单	复杂	比较复杂	比较复杂	简单
可靠性	可靠	可靠	可靠	可靠	可靠
安装要求	低	高	高	高	低
环境污染	较大	小	小	电网冲击大	小
低速运行	较稳定	稳定	稳定	稳定	稳定
占用体积	大	大	小	大	小
运行成本	低	高	高	高	低
产品价格	低	高	高	高	低
功率平衡	较好	好	好	好	好

根据表 1-1 的内容，可以得知磁力耦合器与传统的液力耦合传动技术、液黏性传动技术以及变频传动技术等设备相比具有高效优势。

除此以外，磁力耦合器具有如下优点：

（1）轻载起动，安全可靠　使用磁力耦合器后，起动时电动机加速到最高速度，在耦合磁场的影响下，负载平缓起动，最终加速至电动机速度，达到保护电动机的目的。当负载出现堵转、卡死、载荷瞬间加大等超过最大功率情况时，磁力耦合器的导体转子与永磁转子之间产生滑脱，消除传动系统受冲击而损坏的危险，具有过载保护功能，从而提高整个驱动系统的可靠性。

（2）减振减噪，高效节能　80%以上的转动设备都是由于振动而出现故障的，大多数的振动都是因为轴心偏移，其他原因是由于设备的不平衡和共振。磁力耦合器采用非接触的柔性连接，从而使得连接应力更加均匀，可以容忍更大的对中误差，承载能力强，大大减少了系统的振动，降低了能耗，节约了运行成本。

（3）结构简单，绿色环保　磁力耦合器结构简单，安装拆卸、调试、维修简便，无环境污染，减振效果好，工作系统运行平稳，使用寿命长。由于磁力耦合器通过非接触方式传递转矩，没有磨损部件，从而大大降低了系统的振动，并延长了电动机与减速器的使用寿命，从而大大降低了出现故障的可能。

当发生过载时，能迅速解除耦合，对电动机、负载和磁力耦合器都没有损害，只需关闭电动机使磁力耦合器复位，清理负载然后重起系统，操作简便、精确度高，使平均故障时间大为缩短。而采用液力耦合器，当发生过载时，液力耦合器必须通过喷油的方式泄压来实现过载保护，既污染环境又花费检修更换时间。即使是熟练的技术工人，从发现故障到恢复运行也要 20min 以上的时间。相比磁力耦合器，液力耦合器不能有效保护电动机和负载的轴承和密封圈，增加了系统的故障率。

（4）降低成本，体积较小　使用磁力耦合器不需改造原电动机负载系统，仅需要在现场进行局部改造，占用空间小，不存在谐波干扰等问题，并且维护费用低，维修时间短。

因此，在充分吸收国内外先进永磁涡流传动技术和软起（制）动技术的基础上，结合我国大型带式输送机的实际工况，研究大型带式输送机可控永磁涡流传动基础理论，开发具有完整自主知识产权的永磁涡流传动系统以及与之协调的可控调速控制策略，打破国外技术垄断，符合国家"十四五"科技发展目标，具有重要的理论与现实意义。

1.5　现阶段磁力耦合器研究存在的问题

纵观国内外研究现状，磁力耦合器的研究存在着"三多三少"的现象，即：

1）对盘式及筒式永磁磁力耦合器研究多，对复合式磁力耦合驱动理论研究少（铜导体在径向和端面同时切割磁力线）。

2）对小型磁力耦合传动理论研究多，对大功率永磁耦合驱动理论研究少（难以适应不断发展的工业技术）。

3）对地面良好环境的永磁耦合驱动理论研究多，对恶劣环境下的驱动理论研究少（必须考虑矿山机械传动的特殊性要求）。

因此，针对矿用复杂恶劣环境，拟开展复合式磁力耦合器结构设计，分析磁力传动机理，建立复合式磁力耦合器磁力传动模型，形成复合式磁力耦合器的设计方法。

1.5.1　技术研究难点

1. 盘间气隙与输出转矩的映射方程

现有的磁场分析方法主要有磁路法、经验法、等效磁荷法和有限元分析法等。磁路法、经验法、等效磁荷法等简化算法计算较为简单，但一般具有局限性，无法对漏磁和磁阻做精确计算，对磁性材料强、非线性的特点也无法准确体现；而有限元法结果虽较为精确，但精确度浮动性比较大，对建模水平和边界条件、载荷工况真实加载要求较高。此外，大型带式输送机进行起制动时，永磁涡流传动系统需时刻进行气隙调节，而调节过程中磁场的瞬态变化过程很难精确计算，至今仍未建立精确的永磁涡流传动数学模型。因此，综合运用现代分析方法，兼顾磁场稳态与瞬态过程，建立精确的盘间气隙与输出转矩的映射方程，获取气隙和带式输送机（滚筒转矩）之间的关系，是大型带式输送机永磁涡流传动系统研究的一大难点。

2. 煤矿特殊工作环境下复合式磁力耦合器电磁—温度—应力耦合机理

针对煤矿恶劣狭小的工作环境，复合式磁力耦合器的运行稳定性是需要解决的首要问题。由于复合式磁力耦合器同时从轴向、径向充磁，与普通磁力耦合器相比，磁场分布复杂，再结合不同的负载特性（恒负载或时变负载），因此，复合式磁力耦合传动被视为是一个非线性的、高耦合度的、时变的复杂问题。此外，大功率工作时，复合式磁力耦合器涡流损耗增大，造成永磁体温升过高，从而引起磁力传动的不稳定。而传统的磁力耦合器研究大多忽略了磁场—温度场—应力场的耦合特性，对于小功率工况下传动系统的影响不大，但大功率大转速差工况下复合式磁力耦合器电磁—温度—应力耦合研究更具未知性与复杂性。如何更加准确地描述复合式磁力耦合器电磁—温度—应力耦合机理，是该项目要解决的关键科学问题之一。

3. 电磁—温度—应力作用下复合式磁力耦合器三维漏磁机理

由于新型复合式磁力耦合器由轴向磁场与径向磁场优化构成，有必要对轴、径向磁场交互区域的磁力线走势进行深入探究。又由于新型复合式磁力耦合器空载时的漏磁系数对永磁材料抗去磁能力以及工作特性会造成相当大的影响，因此，计算漏磁系数是新型复合式磁力耦合器稳定工作的基础问题。为了避免在新型复合式磁力耦合器的初始设计及优化设计进行复杂建模耗费时间，使用传统的三维有限元方法计算漏磁系数时，需要进行大量建模，花费时间较多。并且煤矿井下机械传动装置处于恶劣狭小的环境中，长期遭受电磁场、温度场、应力场的耦合作用与强开采扰动的影响。此外，为了便于计算漏磁导，一般也仅考虑二维平面内的极间漏磁导，而忽略了其端部漏磁导和轴向漏磁导的计算，这样也会造成复合式磁力耦合器工作特性的表述误差。因此，对电磁—温度—应力作用下复合式磁力耦合器三维漏磁机理及其关键影响参数的研究，是准确分析与设计复合式磁力耦合器，提高运行稳定性和传动能力的关键科学问题之一。

1.5.2 课题研究内容

以永磁涡流传动技术为基础，结合大型带式输送机设计理论，对大型带式输送机永磁涡流传动系统进行研究，从基于永磁涡流传动的大型带式输送机起制动特性入手，建立永磁涡流传动系统数学模型；通过理论分析，软件仿真与试验模拟，获取导体盘与磁体盘盘间气隙与输出转矩曲线的量化关系；进而建立大型带式输送机永磁涡流传动装置原理样机，并进行相关试验研究。主要研究内容分为以下几个部分：

1. 基于永磁涡流传动的大型带式输送机起制动特性

起制动过程中，大型带式输送机的输送带与部件受力状况较正常运行过程中更为恶劣，故大型带式输送机设计理论中的"调速"一般并不是指正常工作状态的变速运行，而是要求起制动过程中输送带速度的可调可控。项目拟从大型带式输送机起制动特性入手，结合异步盘式永磁涡流传动装置的工作特性，以寻求基于永磁涡流传动的大型带式输送机起制动特性曲线，为永磁涡流传动系统设计打下理论基础。其研究包括：高产高效煤矿大型带式输送机起制动特性；大功率异步盘式磁力传动装置工作特性曲线；基于永磁涡流传动的大型带式输送机起制动特性研究；基于永磁涡流传动的大型带式输送机最优起制动速度曲线。

2. 盘间气隙与输出转矩的量化关系

由永磁涡流传动基础理论可知，大型带式输送机永磁涡流传动装置调速的实质就是在带式输送机恒负载作用下，通过改变导体盘与磁体盘之间的气隙大小以输出不同转矩，进而改变滚筒转速和输送带带速，完成带式输送机的可控起制动。本书将在理论分析的基础上，利用等效磁路法与能量守恒定律推导出带式输送机永磁涡流传动系统数学模型，求解盘间气隙与输出转矩的量化关系，并用三维有限元软件进行仿真分析，并对带式输送机永磁涡流传动系统控制策略进行研究。主要包括：带式输送机永磁涡流传动的数学模型；可控永磁涡流传动装置盘间气隙与输出速度的量化关系；带式输送机永磁涡流传动系统控制策略研究。

3. 大功率大转速差工况下双盘式磁力耦合器的散热问题

应用于大型带式输送机的永磁涡流传动系统一般传动功率巨大，动辄数千千瓦。特别在起制动过程中，输入、输出转速差较大，能量损耗转化成焦耳热易导致装置过热，若不及时有效地进行散热，高温集聚会使永磁体产生不可逆的退磁，损害设备功能，甚至会危及煤矿井下安全。从一定程度上说，散热问题是影响永磁涡流传动装置（即双盘式磁力耦合器）大型化和井下应用的主要技术障碍。以电磁学与热力学为基础，利用数值仿真与有限元方法对磁力耦合器进行散热分析，包括：带式输送机永磁涡流传动装置热场模型；永磁涡流传动装置温度场分析；井下大功率大转差工况下双盘式磁力耦合器的散热装置设计与优化。

4. 带式输送机永磁涡流传动原理样机试制与试验研究

根据计算分析结果，形成带式输送机永磁涡流传动装置的设计方案，对其外壳及控制单元进行防爆设计，并试制原理样机试验台；利用传动系统样机试验台开展相关永磁涡流传动系统调速性能、稳定性、散热性等综合性能以及基于永磁涡流传动的带式输送机系统动态特性的测试与试验，并根据试验结果优化系统参数，同时对永磁涡流传动系统控制策略和样机进行修正改进。积累永磁涡流传动技术在大型带式输送机中的应用研究经验，为今后进一步研究奠定坚实基础。

5. 研究煤矿恶劣工作环境下复合式磁力耦合器的新型结构设计方法

新型复合式磁力耦合器由轴向与径向磁力耦合器优化构成（图1-9），结构紧凑，体积小，并通过轴、径向磁场互相促进，实现磁场叠加作用，形成高效磁力传动，因此，复合式磁力耦合器的新型结构设计是其正常运行的首要问题。主要研究内容包括：复合式磁力耦合器新型结构设计与几何尺寸优化；复合式磁力耦合器轴向、径向磁极的特性曲线；复合式磁力耦合器轴向、径向永磁体排列组合及布置形式；针对煤矿井下特殊工作环境进行散热结构设计。

6. 研究电磁—温度—应力耦合作用下复合式磁力耦合器传动机理及主控因素

煤矿井下机械系统处于工况恶劣、空间狭小的环境，同时遭受电磁场、温度场、应力场的多场耦合作用与强开采扰动的影响。在电磁—温度—应力耦合作用下，新型复合式磁力耦合器的动态特性与气隙（轴向气隙、径向气隙与复合气隙）、转速差、永磁体对数、导体盘厚度等参数紧密相关。主要研究内容为：利用等效磁路法与能量守恒定律，建立新型复合式磁力耦合器的电磁—温度—应力耦合模型及其本构关系，准确计算导体铜耗、永磁体涡流损耗以及杂散损耗的热量，将其依次耦合到各部件进行瞬态温度场与应力场研究；确定新型复合式磁力耦合器动态特性对气隙（轴向气隙、径向气隙与复合气隙）、转速差、永磁体对

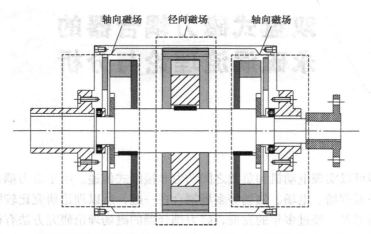

轴向磁场   径向磁场   轴向磁场

图 1-9 新型复合式磁力耦合器轴向、径向磁场示意

数、导体盘厚度等参数的敏感依赖性；分析多因素交互作用下对新型复合式磁力耦合器动态特性的影响机理，确定影响动态特性的主控因素。

7. 研究电磁—温度—应力耦合作用下复合式磁力耦合器三维漏磁机理及关键参数

复合式磁力耦合器空载时漏磁系数对其永磁材料抗去磁能力及工作特性会造成比较大的影响，因此，计算漏磁系数是新型复合式磁力耦合器正常运行的首要问题。主要研究内容为：采用等效磁路法，建立新型复合式磁力耦合器的空载等效磁路网络模型；基于电磁学理论，研究空载与有载两种条件下新型复合式磁力耦合器的三维漏磁分布特征及漏磁效应，揭示新型复合式磁力耦合器的三维漏磁损耗机理；采用计算机数值模拟及电磁学分析等，寻求三维漏磁损耗分布与漏磁参数（永磁体自身磁阻及气隙磁阻、每极永磁体内、外边缘磁路磁阻和、永磁体极间漏磁磁路磁阻、永磁体周向漏磁磁路磁阻、复合漏磁回路磁阻）之间的定量关系，从而确定影响漏磁机理的关键参数。

第2章 双盘式磁力耦合器的永磁涡流理论与分析

磁力耦合器可以实现电动机和负载之间动力非接触式传递。由于磁力耦合器磁场分布十分复杂，而且是温度场、电场、磁场等多场耦合在一起，所以理论研究比较缓慢，研究计算方法也正在逐渐完善。经过多年的发展，磁力耦合器的磁场理论研究方法有很多，目前主要的研究计算方法包括等效磁路法、经验法、有限元法和等效磁荷法等。本章利用等效磁路法，建立双盘式磁力耦合器的磁路模型。

2.1 磁力耦合器的典型结构

从结构上看，磁力耦合器主要有同心轴耦合式、平行轴耦合式以及端面耦合式三种类型，如图 2-1 所示。本章研究的双盘式磁力耦合器为端面耦合式，包括对称分布的两个导体

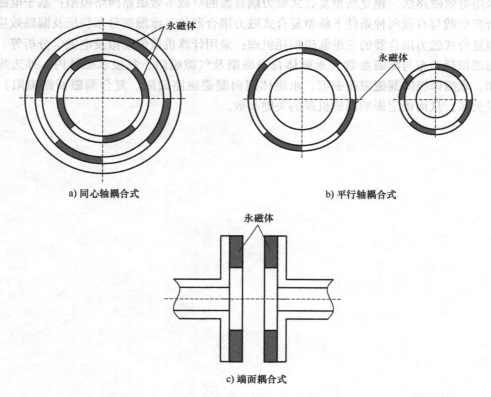

a) 同心轴耦合式   b) 平行轴耦合式

c) 端面耦合式

图 2-1 磁力耦合器的三种类型

转子和对称分布的两个永磁体转子，其产生的电磁转矩是图 2-1c 的 2 倍，且由于装置产生的两个轴向力大小相等，方向相反，实现了力的相互抵消，所以双盘式磁力耦合器受到的总轴向力为零，故在工业中应用更为广泛。

2.2　双盘式磁力耦合器的基本结构

双盘式磁力耦合器主要由输入轴、铜盘、永磁体盘、气隙调节装置、输出轴等组成，如图 2-2 所示。磁力耦合器输入端通过轴套与驱动电动机相连，轴套固定在铜导体轭铁盘（法兰盘）上，导体轭铁盘既可以起固定铜盘的作用，又可以引导永磁体产生的磁力线，使更多磁力线进入铜盘，提高传递效率。铜盘通过内六角头螺栓固定在导体轭铁盘上，两个导体轭铁盘通过中间杆连接，永磁体嵌镶在铝盘内，利用铝盘阻止永磁体间的漏磁通，铝盘固定在永磁体轭铁盘（法兰盘）上。永磁体、铝盘和法兰盘组成永磁转子，两个永磁转子通过齿轮齿条的气隙调节装置连接，两个永磁转子和铜盘分别关于气隙调节装置对称，且铜盘和永磁体间的距离相等，永磁转子固定在输出轴上，与负载相连接。

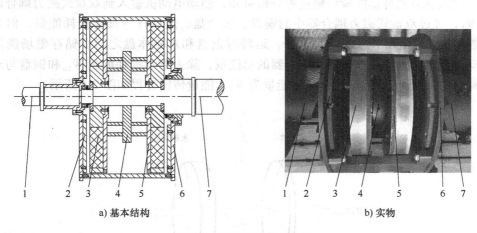

a) 基本结构　　　　　　　　　　　　　　　　b) 实物

图 2-2　双盘式磁力耦合器

1—输入轴　2—铜盘　3—永磁体盘　4—气隙调节装置　5—永磁体轭铁盘　6—铜导体轭铁盘　7—输出轴

双盘式磁力耦合器工作时，与驱动电动机相连的铜盘和与负载相连的永磁体盘之间互不接触，存在一定的气隙，根据法拉第电磁感应定律，当铜盘随驱动电动机一起同向旋转时，驱动电动机相连铜盘的转速与负载相连永磁体盘的转速之间形成转速差，磁场产生的磁通量通过铜盘以一定规律发生变化，交变磁场在铜盘上产生涡流，涡流产生的感应磁场与永磁体磁场之间共同作用，产生作用力和力矩，由转速差转角位移产生的磁场力和力矩作用驱动磁体盘随着铜盘做同向旋转，把主动轴转矩传递到负载端，从而带动负载做功。当铜盘和永磁体盘之间的气隙减小时，气隙之间的磁通密度增加，通过铜盘的磁力线数量也增加，增大传递的转矩和输出转速，磁场分布如图 2-3a 所示；当铜盘和永磁体盘之间的气隙增加时，气隙之间的磁通密度减小，通过铜盘的磁力线数量减少，减小传递的转矩和输出转速，磁场分布如图 2-3b 所示。

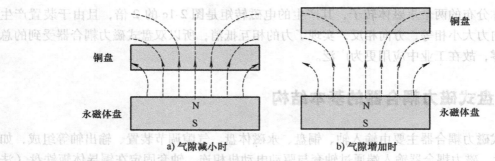

a) 气隙减小时   b) 气隙增加时

图 2-3　磁力线随着气隙变化情况

2.3　双盘式磁力耦合器的永磁涡流理论

2.3.1　能量传输过程

对双盘式磁力耦合器能量传输过程分析可知，驱动电动机输入到双盘式磁力耦合器的总能量为 W_1，经过双盘式磁力耦合器中的铜盘、法兰盘、连接杆等都会损耗能量，但与铜盘损耗的能量 W_{Cu} 相比几乎可以忽略不计，运转时铜盘和永磁体盘之间会储存磁场能量 W_m，因此驱动电动机输入到双盘式磁力耦合器的总能量，除去铜盘损耗能量 W_{Cu} 和铜盘与永磁体盘之间储存的能量 W_m，输出到负载的能量为 W_2，能量传输过程如图 2-4 所示。

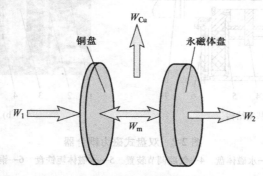

图 2-4　磁力耦合器能量传输过程

则由能量守恒定律可知：

$$W_1 = W_2 + W_{Cu} + W_m \tag{2-1}$$

2.3.2　磁场假设与磁路分析

双盘式磁力耦合器的磁场分布较复杂，很难精确计算。为了简化计算过程，这里将利用等效磁路法，分析双盘式磁力耦合器的磁路，并做出如下假设：

1）双盘式磁力耦合器铜盘和永磁体盘之间的气隙较小时，忽略永磁体漏磁通。

2）永磁体产生的磁场在气隙中均匀分布。

3）永磁体发出的磁力线切割铜盘的有效面积为铜盘每极的计算面积。

4）导磁材料的相对磁导率和铜盘的电阻率受温度的影响比较小，均定义为常数。

5）不考虑磁路饱和。

双盘式磁力耦合器的磁路主要由主磁路和漏磁磁路两部分构成。主磁路为永磁体 N 极发出的磁力线经过铜盘和永磁体盘之间的气隙，穿过铜盘，再经过气隙，返回到相邻永磁体 S 极内，经过永磁体轭铁盘，返回到原永磁体内，形成主磁路。漏磁磁路为从永磁体发出的磁力线不穿过铜盘，而直接回到永磁体的回路，如图 2-5 所示。

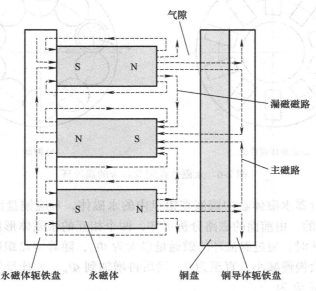

图 2-5　磁力耦合器磁路的构成

由图 2-4 和图 2-5 可得，当永磁体主磁路产生的磁力线越多时，双盘式磁力耦合器可传递的转矩越大。为了使更多磁力线经过铜盘，可采取以下措施：

1）选用磁性强的永磁体材料。

2）导体盘选择电阻率较小的铜导体或者铝导体。

3）可以选择磁阻更小的铁磁材料，如常用的钢等，对永磁体发出的磁力线进行约束，使更多磁力线进入铜盘内，经过铁磁材料等直接垂直进入另外一块永磁体。

4）可以减小铜盘和永磁体轭铁盘之间的气隙，减少气隙之间的漏磁通，另一方面增加铁磁材料的约束，使更多磁力线进入铜盘。

2.3.3　磁场计算

在永磁体轭铁盘计算中，首先对一个永磁体进行分析，则一个永磁体在铜盘上形成一个涡流环，涡流环的面积大小为永磁体正对面积。将底面积为长方形的永磁体等效为底面积大小相等的圆形永磁体，则在铜盘上形成对应面积所对应的涡流环，即永磁体对应铜盘的正对面积 A_m。

$$A_m = \pi \left(\frac{d}{2} \right)^2 = \pi r^2 \tag{2-2}$$

式中　　d——永磁体横截面等效圆的直径（m）；

　　　　r——永磁体横截面等效圆的半径（m）。

　　则铝盘中 m 个永磁体产生的涡流，在铜盘上等效成 m 个小圆环，彼此共同作用，形成涡流环，如图 2-6 所示。

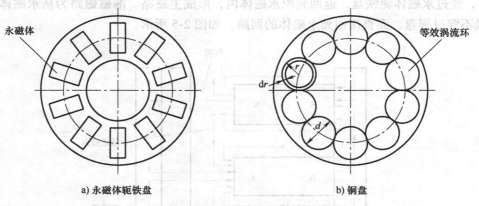

a) 永磁体轭铁盘　　　　　　　　　　b) 铜盘

图 2-6　永磁体在铜盘对应的涡流环

　　双盘式磁力耦合器永磁体盘中镶嵌在铝盘内的永磁体，对应铜盘面上的永磁体的磁性 N、S 极是交错排列的，由前面的磁路分析可知，两个相互的永磁体形成一个回路，当永磁体盘和铜盘保持静止时，通过涡流环的磁通量最大为 Φ_m，随着铜盘跟随电动机的转动，通过涡流环的磁通量会慢慢减小，直至为 0，然后再增加到 Φ_m，如此反复，近似余弦规律变化，则产生的磁通量 Φ 为

$$\Phi = BA_m\cos\omega t \tag{2-3}$$

式中　　ω——磁场变化的角速度，$\omega = \dfrac{2\pi p\Delta n}{60} = p(\omega_1 - \omega_2) = p\Delta\omega\,(\text{rad/s})$；

　　　　p——磁极对数；

　　　　Δn——转速差（r/min）；

　　　　$\Delta\omega$——角速度差（rad/s）；

　　　　t——变化时间（s）；

　　　　B——磁感应强度（T）。

　　通过法拉第电磁感应定律，交变磁场产生的电动势为

$$\varepsilon = -\frac{d\varphi}{dt} = BA_m\omega\sin\omega t \tag{2-4}$$

　　由于涡流具有趋肤效应，根据图 2-6，可得涡流环电阻 dR

$$dR = \rho'\frac{2\pi r^2}{\Delta h dr} \tag{2-5}$$

式中　　ρ'——铜盘电阻率（Ω·m）；

　　　　Δh——趋肤深度（m）。

　　当铜盘切割磁力线时，在铜盘内形成交变涡流，涡流密度在铜盘横截面上的分布是不均匀的，且随着涡流变化频率的增加，铜盘上产生的涡流越来越趋向于铜盘表面，产生的趋肤

深度为

$$\Delta h = \sqrt{\frac{2\rho'}{\omega\mu_0}} \tag{2-6}$$

由趋肤深度公式可知，当铜盘厚度大于趋肤深度时，计算时选取趋肤深度为涡流功率损耗的实际厚度。反之，当铜盘厚度小于趋肤深度时，计算时以铜盘的厚度为涡流损耗的实际厚度。

在双盘式磁力耦合器磁路分析中，一对 N、S 极可以构成一个闭合回路，相邻两永磁体极可构成一个大小相等，方向相反的磁动势，将相邻两磁极磁路等效为一个磁极的磁路，如图 2-7a 所示，又由于轭铁均为高导磁材料，在工程计算中，可以忽略其磁阻，将其进一步简化为一个磁极的磁路，如图 2-7b 所示。

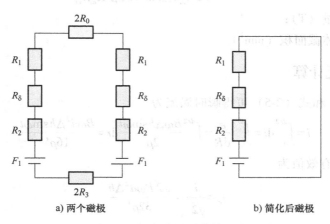

a) 两个磁极　　　　　　　　　　　　b) 简化后磁极

图 2-7　磁力耦合器的等效磁路

图 2-7 中，R_0 为铜盘轭铁的磁阻，R_1 为铜盘处的磁阻，R_2 为永磁体的内磁阻，R_3 为永磁体轭铁处的磁阻，R_δ 为气隙磁阻。气隙、铜盘、永磁体的相对磁导率都可以看成是与空气的相对磁导率相近 $\mu_r \approx 1$，磁阻较大，简化后的磁阻 R_m 为

$$R_m = R_1 + R_\delta + R_2 = \frac{l_{m1}}{\mu_0 A_m} + \frac{\delta}{\mu_0 A_m} + \frac{l_{m2}}{\mu_0 A_m} \tag{2-7}$$

式中　δ——气隙距离（m）；

　　　l_{m1}——铜盘厚度（m）；

　　　l_{m2}——永磁体厚度（m）；

　　　μ_0——真空磁导率（H/m）；

　　　A_m——永磁体截面积（m²）。

当双盘式磁力耦合器稳定运转时，铜盘上涡流产生的磁场会对永磁体的磁场产生一定的阻碍，因此磁路中产生的总磁动势为

$$F = F_1 - F_2 \tag{2-8}$$

式中　F_1——一个磁极的磁动势，$F_1 = H_c h$（A）；

　　　F_2——涡流产生的等效磁动势，$F_2 = k_e i_e$（A）；

H_c——矫顽力（A/m）；

h——永磁体极化方向长度（m）；

k_e——等效折算系数，$k_e = 1.2 \sim 2.5$；

i_e——涡流的有效值（A）。

则磁路磁通为

$$\Phi = A_m B = \frac{F}{R_m} = \frac{F_1 - F_2}{R_m} \tag{2-9}$$

因此，永磁体产生的磁场和涡流感应产生的磁场共同作用在气隙某处的磁感应强度为

$$B = \frac{\Phi}{A_m} = \frac{8\pi H_c h \rho'}{\sqrt{2} A_m k_e \Delta h \omega + 8\pi \rho' R_m A_m} \tag{2-10}$$

式中　Φ——磁通量（T）；

A_m——永磁体截面积（mm²）。

2.3.4　功率损耗计算

联立式（2-4）和式（2-5）可得瞬时涡流为

$$i = \int_0^{d/2} di = \int_0^{d/2} \frac{\varepsilon}{dR} = \int_0^{d/2} \frac{B\omega \Delta h \sin\omega t}{2\rho'} dr = \frac{B\omega d^2 \Delta h \sin\omega t}{16\rho'} \tag{2-11}$$

则该瞬时涡流有效值为

$$i_e = \frac{i}{\sqrt{2}} = \frac{\sqrt{2} B\omega d^2 \Delta h}{32\rho'} \tag{2-12}$$

由瞬时电流可得瞬时功率

$$dP = \varepsilon di = \frac{\pi B^2 \omega^2 \Delta h \sin^2\omega t}{2\rho'} r^3 dr \tag{2-13}$$

积分后可得出每个永磁体对应的涡流区域内涡流损失功率为

$$P'_{Cu0} = \int_0^r dP = \int_0^r \frac{\pi B^2 \omega^2 \Delta h \sin^2\omega t}{2\rho'} r^3 dr = \frac{\pi r_e^4 B^2 \omega^2 \Delta h \sin^2\omega t}{8\rho'} \tag{2-14}$$

式中　r_e——涡流环的等效半径（mm）。

则在一个周期内每个永磁体磁场变化产生的涡流损耗有效功率为

$$P_{Cu0} = \frac{\pi r_e^4 B^2 \omega^2 \Delta h}{16\rho'} \tag{2-15}$$

又因为双盘式磁力耦合器包含有两个铜盘和两个永磁体盘，且假设每个永磁体盘上有 m 个永磁体，因此铜盘上的总涡流损耗为

$$P_{Cu} = 2m P_{Cu0} = \frac{m A_m^2 B^2 \omega^2 \Delta h}{8\pi \rho'} \tag{2-16}$$

2.3.5　输出转矩计算

磁场储能可以写成：

$$W_{\mathrm{m}} = \frac{1}{2} \int H \cdot B \mathrm{d}v \tag{2-17}$$

$$B = \mu_0 H \tag{2-18}$$

式中　v——磁场的工作区域。

从双盘式磁力耦合器传输能量守恒方面可以得到

$$T_1 \omega_1 = T_2 \omega_2 + P_{\mathrm{Cu}} + \frac{\mathrm{d}W_{\mathrm{m}}}{\mathrm{d}t} \tag{2-19}$$

式中　T_1——双盘式磁力耦合器的输入转矩（N·m）；

　　　T_2——双盘式磁力耦合器的输出转矩（N·m）；

　　　ω_1——双盘式磁力耦合器输入角速度（rad/s）；

　　　ω_2——双盘式磁力耦合器输出角速度（rad/s）。

根据牛顿第三定律可知 $T_1 = T_2$，则：

$$T_1 \Delta \omega = T_2 \Delta \omega = P_{\mathrm{Cu}} + \frac{\mathrm{d}W_{\mathrm{m}}}{\mathrm{d}t} \tag{2-20}$$

联立式（2-20）可得双盘式磁力耦合器的输出转矩为

$$T_2 (\omega_1 - \omega_2) = \frac{8\pi m A_{\mathrm{m}}^2 H_{\mathrm{c}}^2 h^2 \rho' (p\omega_1 - p\omega_2)^2 \Delta h}{\left[\sqrt{2} A_{\mathrm{m}} k_{\mathrm{e}} \Delta h (p\omega_1 - p\omega_2) + 8\pi \rho' R_{\mathrm{m}} A_{\mathrm{m}} \right]^2} + \frac{\mathrm{d}W_{\mathrm{m}}}{\mathrm{d}t} \tag{2-21}$$

化简后，可得：

$$T_2 = \frac{\dfrac{8\pi m A_{\mathrm{m}}^2 H_{\mathrm{c}}^2 h^2 \rho' (p\omega_1 - p\omega_2)^2 \Delta h}{\left[\sqrt{2} A_{\mathrm{m}} k_{\mathrm{e}} \Delta h (p\omega_1 - p\omega_2) + 8\pi \rho' R_{\mathrm{m}} A_{\mathrm{m}} \right]^2} + \dfrac{\mathrm{d}W_{\mathrm{m}}}{\mathrm{d}t}}{(\omega_1 - \omega_2)} \tag{2-22}$$

当双盘式磁力耦合器运转达到稳定，磁场能保持相对稳定状态，则：

$$\frac{\mathrm{d}W_{\mathrm{m}}}{\mathrm{d}t} \approx 0 \tag{2-23}$$

可得在稳定的情况下，双盘式磁力耦合器的数学模型为

$$T_2 (\omega_1 - \omega_2) = \frac{8\pi m A_{\mathrm{m}}^2 H_{\mathrm{c}}^2 h^2 \rho' (p\omega_1 - p\omega_2)^2 \Delta h}{\left[\sqrt{2} A_{\mathrm{m}} k_{\mathrm{e}} \Delta h (p\omega_1 - p\omega_2) + 8\pi \rho' R_{\mathrm{m}} A_{\mathrm{m}} \right]^2} \tag{2-24}$$

2.4　本章小结

本章介绍了双盘式磁力耦合器的结构和工作原理，并根据能量传输过程，利用等效磁路法建立了双盘式磁力耦合器的磁路模型，得到了输出转矩、转速差和工作气隙间的关系，同时计算得出铜盘的损耗能量，为下一章双盘式磁力耦合器的工作特性研究提供了理论基础。

第 3 章 | 双盘式磁力耦合器的工作特性与控制策略研究

相较于传统的机械联轴器、液力耦合器以及变频器，双盘式磁力耦合器具有结构简单，环境适应性强，安装、维护工作量小，节能，无污染，易于实现遥控和自动控制，过程控制精确高，使用寿命长等优点。这些优点使双盘式磁力耦合器非常适用于大型带式输送机，应用前景较为广阔。

3.1 双盘式磁力耦合器的工作特性

双盘式磁力耦合器的工作特性如图 3-1 所示，驱动电动机通过驱动联轴器带动导体转子转动，导体转子与永磁体转子存在相对转速差，在起动状态时，导体转子和永磁体转子之间的气隙 L 最大，气隙磁通密度最小，导体转子切割磁力线最少，所产生的感应电流也就最小，产生的输出转矩也最小，即转速和转矩传递能力最低。当需要增大输出转速或转矩时，通过控制连杆调节机构中的伺服电动机转动，牵引永磁体盘靠近导体转子盘，使得气隙 L 减小，气隙磁通密度增加，导体转子切割磁力线增多，导体盘内的感应电流增大，输出转矩也随之增大，转速和转矩传递能力增大，从而实现输出转速和转矩增大。当永磁转子盘与导体转子盘的气隙 L 最小时，导体切割磁力线最多，气隙磁通密度最强，输出转矩最大，即转速和转矩传递能力最强，此时达到满载状态。

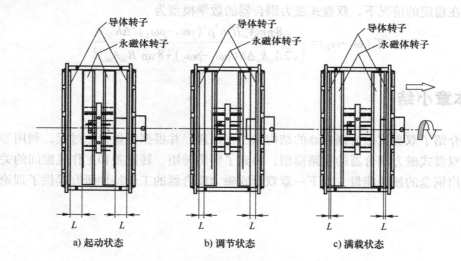

a) 起动状态　　　　　b) 调节状态　　　　　c) 满载状态

图 3-1 双盘式磁力耦合器的工作特性

3.2　大型带式输送机永磁涡流传动系统的工作特性

3.2.1　带式输送机的工作特性

在传统带式输送机设计时，将输送带看成刚体，认为输送带各个部分同时加、减速，这里同样假设输送带为刚体，同时假设带式输送机起动时输送带与驱动滚筒之间没有相对滑动现象，主要考虑传动滚筒的作用力，则传动滚筒的作用力平衡方程可以表述为

$$F_q - F_u = \sum M a_1 \tag{3-1}$$

式中　F_q——驱动电动机的输出驱动力（N）；

　　　F_u——输送带所受的工作阻力（N）；

　　　a_1——起动加速度（m/s²）；

　　$\sum M$——带式输送机总变位质量（kg）。

$$\sum M = L(q_{RO} + q_{RU} + q_G + 2q_B) + 2T + \frac{n \sum J_{iD} i_i^2}{r^2} + \sum \frac{J_i}{r_i} \tag{3-2}$$

$$F_u = CfLg(q_{RO} + q_{RU} + q_G + 2q_B) + q_G Hg + F_{s1} + F_{s2} \tag{3-3}$$

式中　L——输送带的长度（m）；

　　q_{RO}——承载分支托辊单位长度旋转部分质量（kg/m）；

　　q_{RU}——回程分支托辊单位长度旋转部分质量（kg/m）；

　　q_B——输送带单位长度质量（kg/m）；

　　q_G——输送带单位长度物料质量（kg/m）；

　　　n——驱动单元数量（kg）；

　　J_{iD}——驱动单元第 i 个旋转部件的转动惯量（kg·m²）；

　　　i_i——驱动单元第 i 个旋转部件的传动比；

　　　r——传动滚筒半径（m）；

　　　J_i——第 i 个滚筒的转动惯量（kg·m²）；

　　　r_i——第 i 个滚筒的半径（m）；

　　　T——拉紧装置的 1/2 重锤质量（kg）；

　　　C——系数；

　　　f——模拟摩擦因数；

　　　g——重力加速度（m/s²）；

　　　H——输送机装料段和卸料段的高度差（m）；

　　F_{s1}——特种阻力（N）；

　　F_{s2}——附加阻力（N）。

则驱动滚筒运行过程动力传递为

$$T_3 - T_L = I \frac{d\omega_3}{dt} \tag{3-4}$$

$$T_L = F_u R_G \tag{3-5}$$

式中 I——负载和滚筒的转动惯量（$kg \cdot m^2$）；

    T_L——负载转矩（$N \cdot m$）；

    R_G——驱动滚筒半径（m）；

    ω_3——驱动滚筒的角速度（rad/s）；

    T_3——驱动滚筒的转矩（$N \cdot m$）。

联立式（3-4）和式（3-5）可得：

$$T_3 - F_u R_G = I \frac{d\omega_3}{dt} \tag{3-6}$$

3.2.2 减速器的工作特性

当双盘式磁力耦合器输出转速转矩直接作用在滚筒上时，转速过大，转矩过小，带式输送机传动系统中减速器起到降低转速增加转矩的作用。由于减速器的转矩传递特性正好与转速相反，则有：

$$T_3 = \frac{\eta T_2 \omega_2}{\omega_3} \tag{3-7}$$

$$i = \frac{\omega_2}{\omega_3} \tag{3-8}$$

式中 i——减速比；

    η——传递效率；

    T_2——双盘式磁力耦合器的输出力矩（$N \cdot m$）；

    ω_2——双盘式磁力耦合器输出角速度（rad/s）；

    ω_3——驱动滚筒的角速度（rad/s）。

则减速器的工作特性方程为

$$T_3 = \eta i T_2 \tag{3-9}$$

3.2.3 永磁涡流传动系统数学模型的建立

联立双盘式磁力耦合器、减速器和带式输送机滚筒的工作特性，将式（2-20）、式（3-6）和式（3-9），根据图 3-2 带式输送机永磁涡流传动系统能量传输模型得：

$$\frac{T_L + I \frac{d\omega_3}{dt}}{\eta i} \Delta\omega = P_{cur} + \frac{dW_m}{dt} \tag{3-10}$$

将相关参数代入式（3-10），有

$$\frac{T_L + I \frac{d\omega_3}{dt}}{\eta i} \frac{\omega}{p} = \frac{8 n A_m^2 \pi H_c^2 h^2 \rho \omega^{\frac{3}{2}} \sqrt{\frac{2\rho}{\mu_0}}}{\left(2 A_m k_e \sqrt{\frac{\rho}{\mu_0}} \omega^{\frac{1}{2}} + 8 \pi \rho R_m A_m\right)^2} + \frac{dW_m}{dt} \tag{3-11}$$

化简后，可得大型带式输送机永磁涡流传动系统的数学模型：

$$T_L = \left(\frac{nA_\mathrm{m}^2 B^2 \omega^2 \Delta h}{8\pi\rho} + \frac{\mathrm{d}W_\mathrm{m}}{\mathrm{d}t} \right) \frac{\eta i p}{\omega} - I\frac{\mathrm{d}\omega_3}{\mathrm{d}t} \tag{3-12}$$

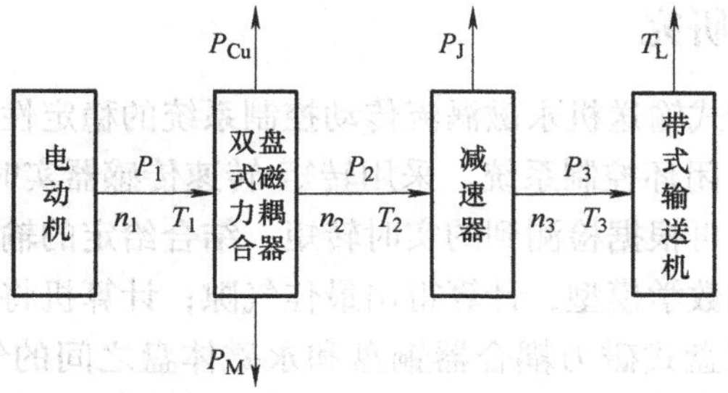

图 3-2　带式输送机永磁涡流传动系统的能量传输模型

3.3　大型带式输送机永磁涡流传动控制策略的研究

大型带式输送机永磁涡流传动控制系统模块主要包括电动机模块、双盘式磁力耦合器模块、减速器模块、控制器模块、气隙调节模块和大型带式输送机模块。大型带式输送机永磁涡流传动系统如图 3-3 所示。

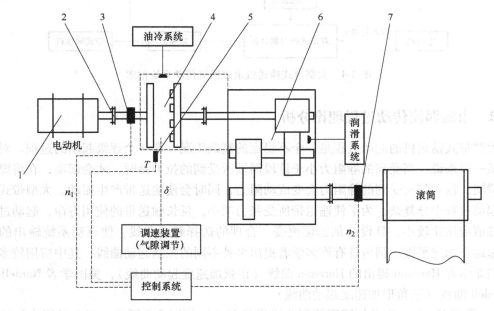

图 3-3　大型带式输送机永磁涡流传动系统

1—电动机　2—膜片联轴器　3、7—转矩-转速传感器　4—双盘式磁力耦合器　5—温度传感器　6—减速系统

从图 3-3 可以看出整个系统的运行过程：电动机 1 通过双盘式磁力耦合器 4 将动力传递至滚筒；控制系统可以改变气隙，达到调节双盘式磁力耦合器 4 输出转矩的目的。尤其在大功率工况下，双盘式磁力耦合器铜盘产生的涡流会产生大量的热量，可采用油冷系统将大量的热量散发出去。减速系统 6 是为了将双盘式磁力耦合器输出的高转速低转矩转化为驱动滚

筒所需要的低转速高转矩，进而带动输送带转动。整个带式输送机永磁涡流传动系统主要是通过调节铜盘和永磁体盘的气隙大小，达到对输出转矩（转速）的控制。

3.3.1 反馈控制系统研究

为了提高改善大型带式输送机永磁涡流传动控制系统的稳定性，这里采用结构简单、操作方便、可靠性高的 PID 闭环控制系统。采用转矩-转速传感器实时监测滚筒的转矩和转速，并将信号反馈至计算机；再根据检测到的实时转矩，结合给定的输送带带速，利用上一章建立的永磁涡流传动系统的数学模型，计算得出最佳气隙；计算机将调节气隙的信号发送至气隙调节装置，进而改变双盘式磁力耦合器铜盘和永磁体盘之间的气隙，将其调整至最佳气隙。该过程为大型带式输送机永磁涡流传动系统的控制流程，其系统框图如图 3-4 所示。

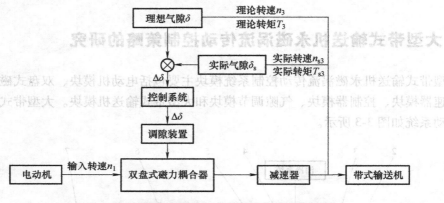

图 3-4 大型带式输送机永磁涡流传动系统框图

3.3.2 永磁涡流传动过程理论分析

大型带式输送机的起动过程是一个不稳定的复杂工况，即一个逐级起动的过程。对输送带的某一段来说，当受到的静阻力小于该段两端所受到的拉力差时，才会起动；在将要起动的一瞬间，输送带所受到的静阻力会变成动阻力，同时会使输送带产生振动。大型带式输送机的起动过程十分复杂，为了使输送带所受张力减小，延长输送带的使用寿命，起动过程加速度峰值应该比较小，且没有加速度突变，合理的选择起动曲线，使驱动系统输出的力平稳，输送带加速平缓。国内外有许多学者提出多种不同的控制起动曲线，其中应用较多的为澳大利亚学者 Harrison 提出的 Harrison 曲线（正弦加速度起动曲线），美国学者 Nordell 提出的 Nordell 曲线（三角形加速度起动曲线）。

1）采用 Harrison 正弦加速度控制曲线进行起动，如图 3-5 所示。起动过程中加速度先平稳增加，当 $0.5T$ 时达到最大，然后平稳地减小，整个过程可以表述为

$$V(t)=\frac{V}{2}\left(1-\cos\frac{\pi}{T}t\right) \quad 0\leq t\leq T \tag{3-13}$$

$$a(t)=\frac{V}{2}\frac{\pi}{T}\sin\frac{\pi}{T}t \quad 0\leq t\leq T \tag{3-14}$$

式中　T——带式输送机起动时间（s）；

　　　V——带式输送机设计时达到稳定的带速（m/s）。

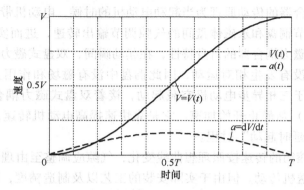

图 3-5　Harrison 起动曲线

2）采用 Nordell 三角形加速度控制曲线起动，如图 3-6 所示。起动过程加速度先是线性增加，当 $0.5T$ 时，加速度最大，然后再线性平稳减小，整个过程可以表述为

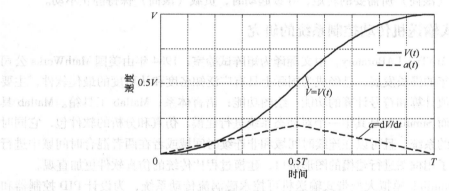

图 3-6　Nordell 起动曲线

$$V(t) = \begin{cases} 2V\dfrac{t^2}{T^2} & 0 \leqslant t \leqslant \dfrac{T}{2} \\ V\left(-1+4\dfrac{t}{T}-\dfrac{2t^2}{T^2}\right) & \dfrac{T}{2} \leqslant t \leqslant T \end{cases} \tag{3-15}$$

$$a(t) = \begin{cases} \dfrac{4V}{T^2}t & 0 \leqslant t \leqslant \dfrac{T}{2} \\ \dfrac{4V}{T}-\dfrac{4V}{T^2}t & \dfrac{T}{2} \leqslant t \leqslant T \end{cases} \tag{3-16}$$

当大型带式输送机起动时，采用 Harrison 和 Nordell 起动曲线都可很好地防止速度突变，峰值加速度降低。为了简化分析过程，本章以 Harrison 起动曲线为例进行研究，则双盘式磁力耦合器的角转速经过减速器传递到驱动滚筒上为

$$\omega_3 = \frac{V}{2R_G}\left(1-\cos\frac{\pi}{T}t\right) \tag{3-17}$$

将永磁涡流传动装置应用在大型带式输送机的传动系统，实际上是由电动机和双盘式磁力耦合器输入端（铜盘）系统、双盘式磁力耦合器输出端（永磁体盘）系统和输送带系统组成。双盘式磁力耦合器的传动原理为当起动电动机的时候，电动机带动双盘式磁力耦合器的铜盘转动，通过调节铜盘和永磁体盘间的气隙调节输出转速，进而实现带式输送机传动。但实际上由于双盘式磁力耦合器的自身特性，在起动瞬间，双盘式磁力耦合器的铜盘和永磁体盘之间保持静止，没有发生相对运动，因此铜盘中没有磁场和作用力产生。即在起动瞬间，负载为零，相当于三相异步电动机空载起动，接着双盘式磁力耦合器输出端（永磁体盘）和负载端（滚筒）从静止开始加速。它是靠快速提高电动机转速，缩短起动电流时间实现的，自带一个"延时起动"过程。

理论上，为了使滚筒的转速按照理想曲线变化，气隙应调整至由理论计算得出的最佳气隙，从而实现带式输送机传动。但由于实际安装的工艺以及制造精度，限制了气隙调节的范围，并且在磁场理论分析的过程中，忽略了漏磁效应，而实际运行过程中，随着气隙的增大，磁力线的分布不均匀，实际输出转矩会小于理论输出转矩。又由于双盘式磁力耦合器的自身特性，相当于有一个"延时起动"过程：在电动机开始起动时，随着气隙的调节，产生的输出转矩小于实际负载（滚筒）所需要的转矩，导致起动时，负载（滚筒）保持静止不动。

3.3.3 大型带式输送机传动控制系统的研究

Matlab 全名为 MATrix LABoratory，中文翻译为矩阵试验室，1984 年由美国 MathWorks 公司推出，经过三十余年的漫长发展，已经成为国际上具有广泛知名度和认可度的最佳软件，主要具有以下特点：数值计算和符号计算的功能；绘图功能；语言体系；Matlab 工具箱。Matlab 具有很强的开放性，而 Simulink 是其中一个对动态系统进行建模、仿真和分析的软件包，它同时支持线性和非线性的系统，且可以在连续时间域和非连续时间域或者在两者混合时间域中进行建模。为用户提供了用框图进行建模的图形接口，建模过程比传统的仿真软件更加直观。

通过 Matlab Simulink 模拟大型带式输送机可控永磁涡流传动系统，为设计 PID 控制器和仿真提供了一个较为准确的参考，对于工程参数整定、结构设计、调速性能分析和指导现场调试具有重要意义。

在 Simulink 中，建立的大型带式输送机永磁涡流传动系统主要包括电动执行器（气隙调节）模块、双盘式磁力耦合器模块、带式输送机模块、PID 模块，其系统框图如图 3-7 所示。

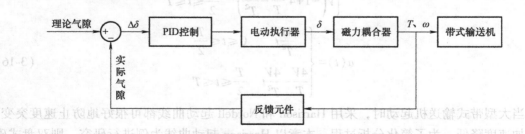

图 3-7 大型带式输送机永磁涡流传动系统框图

1. 理论气隙

由图 3-7 大型带式输送机永磁涡流传动系统框图分析可知，根据实际负载所需要的转矩，基于 Harrison 起动曲线，计算求得的理论的最佳气隙。

2. PID 控制

PID 控制具有方便调整、鲁棒性好等特点，因此在工业生产中具有广泛的应用。PID 控制器是由比例单元（P）、积分单元（I）和微分单元（D）三部分组成，其控制原理框图如图 3-8 所示。

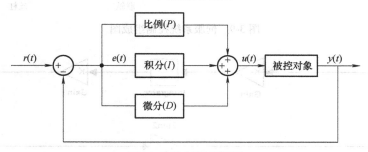

图 3-8　控制原理框图

控制系统根据给定的理论信号 $r(t)$ 与实际输出值 $y(t)$ 之间差值 $e(t)$，通过比例单元（P）、积分单元（I）和微分单元（D）线性计算组合，得到控制器的输入输出关系如下所示：

$$u(t) = K_\mathrm{P} e + K_\mathrm{I} \int_0^t e \, \mathrm{d}t + K_\mathrm{D} \frac{\mathrm{d}e}{\mathrm{d}t} \tag{3-18}$$

式中　K_P——比例增益系数，为了减小偏差，可以适当增加 K_P，但是随着 K_P 的增加，会导致系统稳定性的下降，K_P 值过大的话，会使系统产生激烈的振荡和不稳定，因此需要合理的优化 K_P，在满足精度的情况下选择适当的 K_P 值；

K_I——积分增益；

K_D——微分增益。

比例单元和积分单元都是在被调量出现偏差的情况下，才会进行调节。而微分单元则是对被调量的变化速率进行调节，而不需要等被调量出现较大偏差后才进行调节，即微分单元是对被调量的变化趋势进行调节，避免出现较大的偏差。

3. 电动执行器

采用伺服电动机调节双盘式磁力耦合器铜盘与永磁体盘间的气隙。电动执行器主要由永磁同步伺服电动机、滑台和位移速度传感器等组成。当通过 PID 控制系统输出的气隙信号，传送至控制系统，此时控制系统向伺服电动机驱动器发送命令，使伺服电动机转动，通过丝杠与滑台机构，实现铜盘的快速、平稳、精确的移动，从而改变气隙，如图 3-9 所示。

电动执行器是控制执行的重要组成部分，它可以准确控制铜盘移动，从而改变铜盘和永磁体盘间的气隙，在 Matlab Simulink 建立的模型如图 3-10 所示。

4. 双盘式磁力耦合器模块

通过电动执行器输入气隙位移信号 $\delta(t)$ 至双盘式磁力耦合器，通过转矩-转速传感器实时监测转矩信号 T_3 与输出转速 $\omega(t)$；根据上一章中双盘式磁力耦合器输出转矩的计算公式，在 Matlab Simulink 中建立双盘式磁力耦合器的模型，如图 3-11 所示。

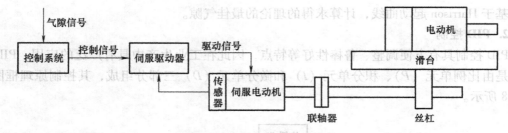

图 3-9　伺服系统控制组成图

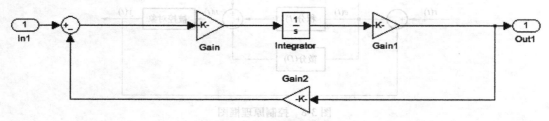

图 3-10　电动执行器仿真模型

In1—输入端 1　Gain—比例增益运算　Integrator—输入信号积分
Gain1—比例增益运算 1　Gain2—比例增益运算 2　Out1—输出端

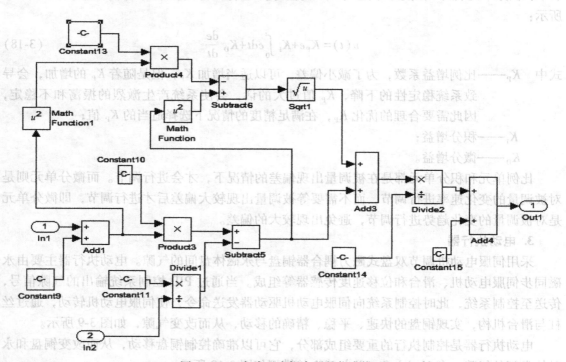

图 3-11　双盘式磁力耦合器的仿真模型

In1—输入端 1　In2—输入端 2　Constant9—常数信号 9　Add1—加法运算 1　Constant11—常数信号 11
Divide1—除法运算 1　Subtract5—减法运算 5　Product3—乘法运算　Constant10—常数信号 10
Math Function1—数学函数 1　Constant13—常数信号 13　Product4—乘法运算 4　Math Function—数学函数
Subtract6—减法运算　Sqrt1—根号运算　Add3—加法运算 3　Constant14—常数信号 14　Divide2—除法运算 2
Constant15—常数信号 15　Add4—加法运算 4　Out1—输出端

5. 根据 Simulink 模块之间的两两交互关系，给定输入转速将驱动电动机起动，控制器将最佳气隙信号传输至电动执行器，进而改变铜盘和永磁体盘之间的气隙；转矩-转速传感器实时监测实际转速和实际转矩，反馈计算后得到实际气隙，并将实际气隙与理论气隙比较，根据 PID 反馈调节原理，使实际气隙与最佳气隙一致。大型带式输送机永磁涡流传动系统的模型，如图 3-12 所示。

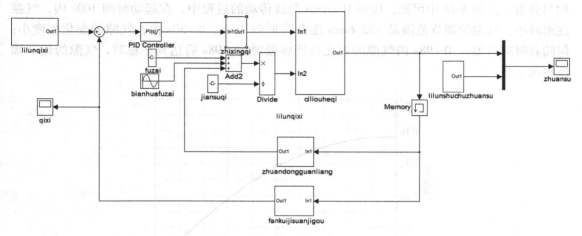

图 3-12　大型带式输送机永磁涡流传动系统的模型

lilunqixi—理论气隙　qixi—气隙　PID Controller—比例-积分-微分控制器　fuzai—负载
bianhuafuzai—变化负载　zhixingqi—执行器　Add2—加法运算 2　jisuanqi—计算器　Divide—除法运算
ciliouheqi—磁力耦合器　Memory—记忆模块　lilunshuchuzhuansu—理论输出转速　zhuansu—转速
zhuandongguanliang—转动惯量　fankuijisuanjigou—反馈计算机构

大型带式输送机的起动过程与起动加速度、起动时间密切相关。起动时间越短，速度和加速度变化越快，则对带式输送机的损害越大。对于控制系统而言，基于 Harrison 曲线模拟带式输送机传动过程：传动时间设置为 100s，滚筒半径为 0.4m，转动惯量为 298.5kg/m^2，并在滚筒处加载 $5700\text{N}\cdot\text{m}$ 的转矩模拟实际工况，选择最大振幅为 $20\text{N}\cdot\text{m}$ 的正弦函数模拟负载波动，减速器减速比为 30，传动效率为 95%。求解器采用变步长 ode45 进行仿真求解，仿真结果如图 3-13 所示。

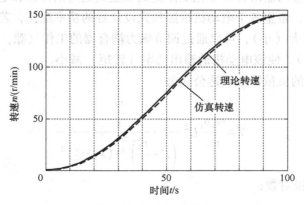

图 3-13　仿真结果转速

从图 3-13 中可知，在起动时间 100s 内，双盘式磁力耦合器输出角转速 0~150r/min，仿真转速的曲线与理想转速的曲线形态一致，表明该模型的准确性。由于模拟负载时以 20N·m 的正弦函数波动，通过转矩-转速传感器反馈至控制系统中，再反馈至控制执行器，因为双盘式磁力耦合器自身的特性，使所建的模型具有滞后环节和惯性，存在一定滞后性，因此存在一定的误差。在忽略永磁体漏磁、磁路饱和与环境温度变化的情况下，假设气隙内的磁场均匀分布，从图 3-14 中可知，模拟 Harrison 曲线传动的过程中，在起动时间 100s 内，气隙逐渐减小，气隙的调节范围是 152.6mm 逐渐降低到 3mm；0~30s 内，气隙的变化幅度小；但随着时间增加，30~98s 内气隙的变化幅度缓慢增加；98s 后达到平稳时，气隙的调节幅度再次平缓。

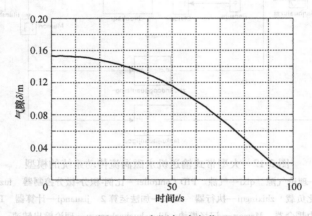

图 3-14 实际气隙变化

3.3.4 多电动机功率平衡条件下的永磁涡流传动特性

近年来随着生产领域的机械化水平不断提高，在实际应用中大功率的带式输送机的使用更为广泛，大功率带式输送机一般采用多电动机驱动，易出现功率不平衡，造成电动机损毁。而双盘式磁力耦合器可根据实际功率对电动机的输出功率进行调整，起到平衡功率，保护电动机的作用。

双盘式磁力耦合器的输出转矩变化规律受到双盘式磁力耦合器和电动机的共同影响。当采用多电动机驱动时，希望各个电动机按照预先设计好的功率配比，若其中某一个电动机的输出功率（转矩）过大（小），可以通过调节磁力耦合器的工作气隙，使铜盘和永磁体盘的工作气隙减小（增加），使该电动机的输出功率（转矩）减小。

三相异步电动机的机械特性表达公式为

$$T = \frac{m_1 p_1}{\omega_1} U_1^2 \frac{\dfrac{r_2'}{s}}{\left(r_1' + \dfrac{r_2'}{s}\right)^2 + (x_1' + x_2')^2} \tag{3-19}$$

式中 p_1——电动机极对数；

m_1——相数；

U_1——定子电源电压（V）；

r_1'——折算到转子侧的转子电阻（Ω）；

x_1'——折算到转子侧的漏电抗（Ω）；

r_2'——折算到定子侧的转子电阻（Ω）；

x_2'——折算到定子侧的漏电抗（Ω）；

ω_1——双盘式磁力耦合器的输入角速度（rad/s）；

s——转差率。

则由式（3-18）可知三相异步电动机的机械特性曲线如图 3-15 所示。

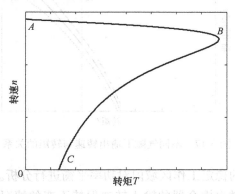

图 3-15　三相异步电动机机械特性曲线

从图 3-15 三相异步电动机机械特性曲线可以得出：在 AB 段（稳定工作区），三相异步电动机输出转速随着转矩增加而减小；在 BC 段（非稳定工作区），三相异步电动机输出转速随着转矩的增加而增加；当三相异步电动机稳定工作时，输出转矩随着输出转速的增加而减小。

式（2-22）双盘式磁力耦合器转矩角速度差特性可以表示成如图 3-16 所示。

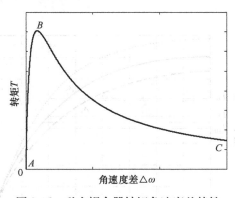

图 3-16　磁力耦合器转矩角速度差特性

从图 3-16 中可以得出：当气隙恒定时，在 AB 段（稳定工作区），随着角速度差的增加，双盘式磁力耦合器的输出转矩增加。但是当双盘式磁力耦合器输出转矩达到最大值后，在 BC 段（非稳定工作区），双盘式磁力耦合器的输出转矩随着角速度差的增加而减小。双盘式磁力耦合器稳定工作时，输出转矩随着角速度差的增加而增大。

同样地，由式（2-24）双盘式磁力耦合器的输出转矩转速差公式，当输入转速保持恒定情况下，得到不同气隙下双盘式磁力耦合器输出转速与转矩关系图，如图 3-17 所示。分析可知：随着双盘式磁力耦合器输出转矩的增加，输出转速减小；当输入转速保持不变的时候，转速差逐渐增加，但当负载转矩大到一定数值的时候，双盘式磁力耦合器将进入不稳定的工作区域。随着气隙的增加（$\delta_1>\delta_2>\delta_3$），当转矩一定的时候，输出转速降低。

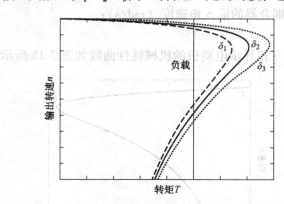

图 3-17　不同气隙下输出转速与转矩的关系

在双盘式磁力耦合器的稳定工作区域内对功率平衡进行分析。根据双盘式磁力耦合器的机械特性可知，在双盘式磁力耦合器的输入转速保持不变的情况下，做出如图 3-18 所示曲线，工作气隙大小分别为 δ_1、δ_2、δ_3（$\delta_1>\delta_2>\delta_3$），由此可见，当气隙减小时，特性曲线变硬。这样在双盘式磁力耦合器输出转速相同的情况下，减小铜盘和永磁体盘之间的气隙，可传递的转矩增大，$T_{30}>T_{20}$；当气隙增加时，特性曲线变软。在双盘式磁力耦合器的输出转速相同的情况下，增加铜盘和永磁体盘之间的气隙，可传递的转矩减小，$T_{10}<T_{20}$；T_{10}、T_{20}、T_{30} 分别为电动机在双盘式磁力耦合器的工作气隙分别为 δ_1、δ_2、δ_3 时，转速分别为 n_1 时对应的转矩。

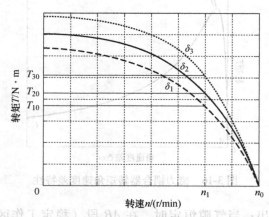

图 3-18　气隙对双盘式磁力耦合器的转矩转速的影响

多电动机驱动时，一般选择等功率配比或者功率配比为 2∶1，若两个电动机分别采用两台双盘式磁力耦合器带动同一台带式输送机的时候，双盘式磁力耦合器的输出转速相同；

当双盘式磁力耦合器的规格和气隙大小相一致的时候，需两台电动机的额定转速保持一致。而在实际中，双盘式磁力耦合器规格和电动机的规格很难保证完成一致，这必然会导致无法按照理论的功率配比运转。为了达到理想功率配比，可以通过调节电动机或者双盘式磁力耦合器，以避免电动机损坏；而当使用在恶劣环境下时，如果利用变频器调节电动机的输入转速或转矩，成本投入大而且在井下的恶劣环境中，安全性较差。

联立三相异步电动机和双盘式磁力耦合器的转矩转速差特性，以两台电动机功率平衡为例，两台电动机驱动大型带式输送机的设备布置如图 3-19 所示。当电动机 1 和电动机 2 共同作用在大型带式输送机上时，在两台滚筒规格一致的情况下，则两台双盘式磁力耦合器的输出转速相同；当电动机 1 的输出功率大于电动机 2 的输出功率时，增加双盘式磁力耦合器 1 的气隙，降低双盘式磁力耦合器 1 的输出转矩。由三相异步电动机的机械特性可知，当输出转矩减小时，三相异步电动机的输出转速增加，则输入到双盘式磁力耦合器 1 中的输入转速增加，而输送到大型带式输送机上的输出转速变化不大，则双盘式磁力耦合器 1 的转速差增加。由双盘式磁力耦合器的机械特性可知，随着转速差的增加，输出转矩降低。可知当电动机 1 的输出功率大于电动机 2 的输出功率时，可增加双盘式磁力耦合器铜盘和永磁体盘之间的气隙，反之亦然。

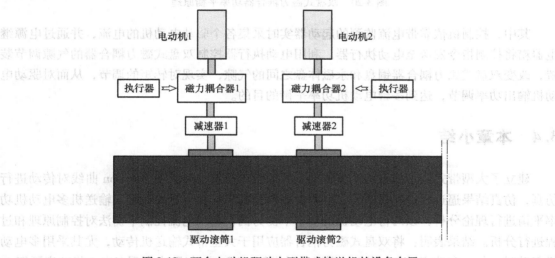

图 3-19　两台电动机驱动大型带式输送机的设备布置

传统的大型带式输送机多电动机功率平衡方法有转矩-转速控制法和电流控制平衡法。转矩转速平衡法是在输出转速一定的情况下，通过测量输出转矩大小，确定每台电动机实际输出功率，进而通过对驱动电动机的输出转速的调节，实现多台电动机功率平衡的目的。但是由于转矩-转速传感器的体积过于庞大，远远大于同功率电动机的大小，而且大型转矩-转速传感器成本过高、安全性较差，不适用于恶劣环境，如煤矿井下。电流控制平衡法是当电动机参数相同，在同一电网供电时，电流大小直接确定每台电动机的实际输出功率，根据监测采集的电动机的电流值作为依据，进而调节驱动电动机的输出功率达到功率平衡。而本章将对双盘式磁力耦合器应用于带式输送机的多电动机功率平衡问题，采用电流控制平衡法进行分析，同样以两台电动机驱动为例，其设备布置简图如图 3-19 所示。

为双盘式磁力耦合器配备闭环调节电控系统，其原理如图 3-20 所示，该控制系统主要包括控制机、电源继电器箱、带电流监测的起动器、电动执行器和双盘式磁力耦合器等。

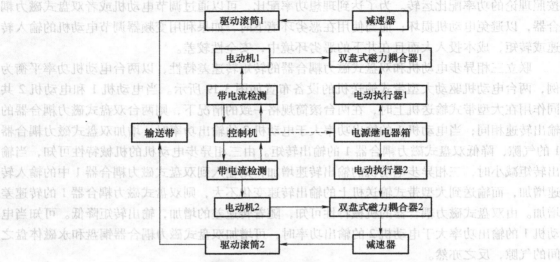

图 3-20　双盘式磁力耦合器功率平衡原理

其中，控制机依靠带电流监测的起动器实时采集各个驱动电动机的电流，并通过电源继电器箱将控制指令发送至电动执行器。利用电动执行器控制双盘式磁力耦合器的气隙调节装置，改变双盘式磁力耦合器铜盘和永磁体盘之间的气隙，实现对转矩的调节，从而对驱动电动机输出功率调节，达到多台电动机功率平衡的目的。

3.4　本章小结

建立了大型带式输送机永磁涡流传动系统的数学模型，并基于 Harrison 曲线对传动进行仿真，仿真结果逼近理论起动曲线，证明所建模型的正确性。对大型带式输送机多电动机功率平衡进行理论分析，以两台电动机的功率平衡为例，利用电流控制平衡法对控制原理和过程进行分析。结果表明：将双盘式磁力耦合器应用于大型带式输送机传动，尤其采用多电动机起动时，某一台功率过大（小），可以通过增加（减小）气隙来实现多电动机功率平衡。

第4章

双盘式磁力耦合器的振动
噪声分析与参数优化

磁力耦合器因其结构简单、传动效率高、低碳节能等优点成为煤矿机械传动装置的重点研究对象之一。双盘式磁力耦合器具有高转矩密度与高效率等优点，因此，逐渐发展成为煤矿机械柔性传动装置。由于受双盘式磁力耦合内部的转子磁场非正弦分布以及涡电流谐波等因素影响，双盘式磁力耦合器输出转矩中不可避免地存在波动，因而，双盘式磁力耦合器在实际工况运行中会产生较大的振动，给生产环境带来一定的噪声，如何降低振动噪声是影响今后双盘式磁力耦合器大规模推广应用的关键因素之一。与此同时，双盘式磁力耦合器的输出转矩受到其结构参数（气隙、永磁体个数及面积、永磁体厚度、铜盘厚度等因素）的影响，因此，本章采用有限元仿真法对双盘式磁力耦合器的振动模态以及输出转矩进行研究分析，从结构优化设计的角度提高双盘式磁力耦合器的输出转矩，同时为双盘式磁力耦合器的减振降噪提供设计依据与技术支持。

4.1 双盘式磁力耦合器振动噪声分析与试验研究

4.1.1 电磁径向力解析模型的建立

由于径向磁通密度远大于切向磁通密度，故在计算双盘式磁力耦合器的电磁力时，根据麦克斯韦张量法，单位面积的径向电磁力瞬时值可用下式表示，即

$$f(t,\alpha)=\frac{b_n^2(t,\alpha)}{2\mu_0} \tag{4-1}$$

式中　　t——时间（s）；

　　　　α——空间角度（°）；

　　$b_n^2(t,\alpha)$——气隙磁通密度（T）；

　　　　μ_0——真空磁导率，数值为 $4\pi\times10^{-7}$（N/A²）。

空间 r 阶径向力波的 m 次时间谐波的解析式为

$$f_{r,m}=k_m\cos(m\omega_1 t-r\alpha-\theta_m), m=1,2,\cdots,n \tag{4-2}$$

式中　　α——空间角度（°）；

　　　　r——空间力波的阶次；

　　　k_m——力波的幅值（m）；

　　　θ_m——m 次时间谐波的相位角（°）；

　　　ω_1——双盘式磁力耦合器的输入角速度（rad/s）。

假设径向电磁力无轴向分量，则合成空间 r 阶径向力波为

$$f_r = f_{r,1} + f_{r,2} + \cdots + f_{r,m} + \cdots + f_{r,n}$$

$$\sum_{m=1}^{n} k_m \cos(m\omega_1 t - r\alpha - \theta_m) =$$

$$\sum_{m=1}^{n} k_m \cos(m\omega_1 t - \theta_m)\cos r\alpha + \qquad (4\text{-}3)$$

$$\sum_{m=1}^{n} k_m \sin(m\omega_1 t - \theta_m)\sin r\alpha =$$

$$\sum_{m=1}^{n} ((x_m(t)\cos(r\alpha)) + (y_m(t)\sin(r\alpha)))$$

分析式（4-3）可知，空间 r 阶电磁力径向力波可分解为 $\cos(r\alpha)$ 与 $\sin(r\alpha)$ 两个正交波形的叠加。系数 $x_m(t)$ 与 $y_m(t)$ 与双盘式磁力耦合器的输入转速有关。单元面积上径向电磁力的瞬时值 $f(t,\alpha)$ 可以表示为所有空间电磁径向力波的叠加，即

$$f(t,\alpha) = \sum_{m=1}^{n} ((x_m(t)\cos(r\alpha)) + (y_m(t)\sin(r\alpha))) \qquad (4\text{-}4)$$

则单元面积上径向电磁力的加速度瞬时值可以表示为

$$a(t,\alpha) = \sum_{m=1}^{n} ((x_m(t)\cos(r\alpha)) + (y_m(t)\sin(r\alpha)))/M \qquad (4\text{-}5)$$

式中　M——单元面积上的质量（kg）。

4.1.2　谐波分析与有限元模拟

噪声源主要由电磁噪声、机械噪声、通风噪声三个部分所组成。对于双盘式磁力耦合器而言，电磁噪声是最主要的噪声源。振动与噪声主要是由永磁转子与导体转子谐波磁场相互作用引起的。则铜导体转子磁场的谐波次数可以表示为

$$\tau = (k_1 + 1)p, \quad k_1 = 0,1,2,3,\cdots \qquad (4\text{-}6)$$

则永磁转子磁场的谐波次数可以表示为

$$v = (2k_2 + 1)p, \quad k_2 = 0, \pm 1, \pm 2, \pm 3, \cdots \qquad (4\text{-}7)$$

式中　p——磁极对数。故永磁转子与导体转子谐波磁场相互作用产生的径向力波次数为

$$\begin{cases} r = v + \tau = (k_1 + 2k_2 + 2)p \\ r = v - \tau = (2k_2 - k_1)p \end{cases} \qquad (4\text{-}8)$$

从式（4-8）可知，双盘式磁力耦合器电磁径向力波次数可能为 0 或者双盘式磁力耦合器磁极对数的整数倍。当 $k_1 = k_2 = 0$ 时，径向力波次数依次为 0 和 10，因此双盘式磁力耦合器气隙中的空间电磁径向力波阶数除了 0 阶以外，最低的电磁径向力波次数为磁极数，即 10 阶。

根据表 4-1 中的参数，代入式（4-4）得出解析值与有限元软件仿真值作图 4-1，即当最大转速为 1500r/min 时，永磁转子电磁径向力密度空间谐波的傅里叶分解对比图。

表 4-1　双盘式磁力耦合器参数

参　　数	数　　值	单　　位
磁极对数	5	—
永磁转子外径	378	mm
永磁转子内径	154	mm
永磁转子厚度	32.2	mm

（续）

参　　数	数　　值	单　　位
铜导体外径	378	mm
铜导体内径	154	mm
铜导体厚度	8.2	mm
额定功率	55	kW
最大转速	1500	r/min
冷却方式	风冷	—
永磁体尺寸	76×38×32.2	mm

从图 4-1 可以得知，无论是解析值或有限元仿真值结果均显示：0 阶电磁径向力波最大，10 阶电磁径向力波其次，更高阶电磁径向力波较小，可以忽略。究其原因为电磁径向力波的阶次越低，则双盘式磁力耦合器变形相邻节点之间的距离越远，径向变形量越大，因此低阶电磁径向力波是引起双盘式磁力耦合器振动与噪声的主要来源。

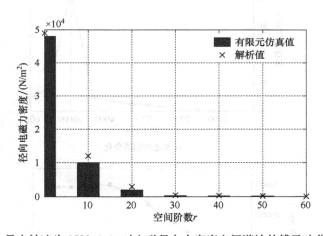

图 4-1　最大转速为 1500r/min 时电磁径向力密度空间谐波的傅里叶分解对比

4.2　电磁径向力波谐波响应 NVH 特性分析

4.2.1　有限元分析

根据图 4-1 的结果，低次电磁径向力波是造成双盘式磁力耦合器振动的主要原因。10 阶次以上的电磁径向力密度较小，故本文针对 0 阶次与 10 阶次电磁径向力波的响应进行计算。

参照图 4-1，选取 0 阶与 10 阶力波，单位面积电磁径向力波依次根据式（4-3）分解，经过离散化后加载至永磁转子圆周外侧，观测点选择永磁转子外表面，观察加速度变化与形变，如图 4-2 所示。利用多物理场耦合分析法，分别计算不同阶数空间电磁径向力波在不同频率下的力波响应，根据双盘式磁力耦合器的工作环境，本文耦合分析法中选取频率范围为 0~6000Hz，在不同频率下，分析永磁转子在 r 阶空间电磁径向力波的响应，与不同输入转速下的径向电磁力密度，如图 4-2~图 4-4 所示。

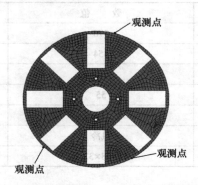

图 4-2 r 阶单位面积的径向电磁力波加载及观测点

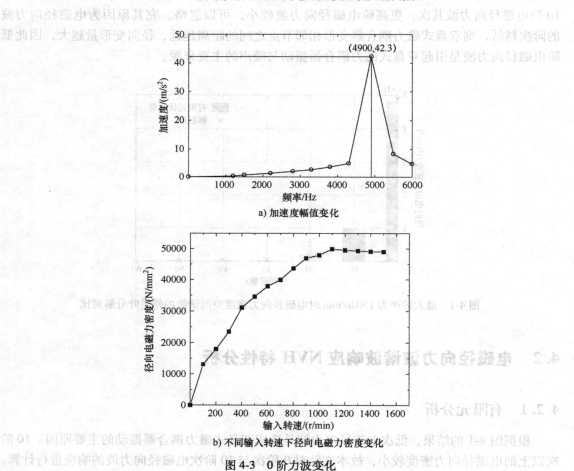

a) 加速度幅值变化

b) 不同输入转速下径向电磁力密度变化

图 4-3 0 阶力波变化

从图 4-3~图 4-4 中可以看出，0 阶力波与 10 阶力波的 4900Hz 处，永磁转子的加速度较大，但 10 阶力波的最大加速度为 13.8m/s²，0 阶力波的最大加速度为 42.3m/s²，即 10 阶力波的最大加速度明显小于 0 阶力波；由图 4-4a 与图 4-4b 可知，随着输入转速逐渐增加，径向电磁力密度依次增大。

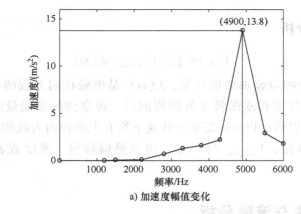

a) 加速度幅值变化

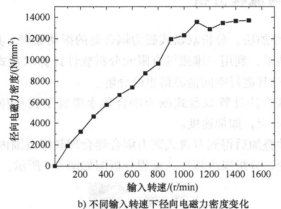

b) 不同输入转速下径向电磁力密度变化

图 4-4 10 阶力波变化

由图 4-5 可知，永磁转子在 4900Hz 有较大振动；0 阶电磁径向力波的最大形变量为 4.824×10^{-4}m，明显大于 10 阶电磁径向力波的最大形变量（1.005×10^{-4}m）。故双盘式磁力耦合器的电磁振动主要来源于 0 阶力波。

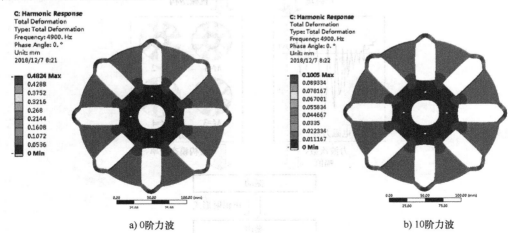

a) 0阶力波   b) 10阶力波

图 4-5 不同阶数力波的最大形变量

Harmonic Response—谐响应   Total Deformation—全变形   Type：Total Deformation—类型：全变形

Frequency—频率   Phase Angle—相位角   Unit—单位

4.2.2　叠加响应分析

$$V(\omega) = \sum_{r=0}^{R} V_{\text{unit},r(\omega)} \omega f_r(\omega) \tag{4-9}$$

式（4-9）是 r 阶响应叠加后的结果，$f_r(\omega)$ 是电磁径向力波的幅值，$V_{\text{unit},r(\omega)}$ 是 r 阶单位面积电磁径向力作用在永磁转子外圆周面后，观察到的形变量随频率变化的值，该值可由多物理场模拟得到；$V(\omega)$ 是某一转速下所有电磁径向力波的叠加值随频率变化的值，只考虑 0 阶与 10 阶；$V_{\text{unit},r(\omega)}$ 与 $V(\omega)$ 可以是偏移量、速度或者加速度，本章取偏移量。

4.3　模态叠加法与流程分析

本章提出一种模态叠加法，分析双盘式磁力耦合器的振动噪声。具体流程如下：

1）依据理论分析结果，利用三维磁场有限元分析软件计算双盘式磁力耦合器在不同转速下的电磁力大小，并对其进行空间谐波傅里叶分解。

2）利用多物理场耦合法计算双盘式磁力耦合器永磁转子在单位面积电磁径向力作用下，不同频率时的结构响应，如加速度。

3）将结构响应线性叠加后得到双盘式磁力耦合器合理频率范围内振动情况。

4）利用声压级理论，分析噪声特性。流程分析图如图 4-6 所示。

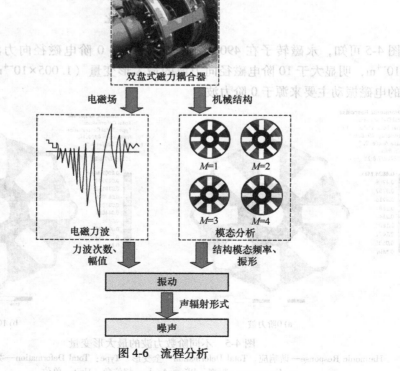

图 4-6　流程分析

4.4　振动噪声试验与计算

4.4.1　试验参数

为了验证电磁径向力波谐波响应分析的正确性，本节针对一台双盘式磁力耦合器试验样机进行分析，样机参数见表4-1，样机试验如图4-7所示。主要包括 AWA 5636 型声级计（测量频率范围为 20Hz~12.5kHz，测量上限为>130dB），MCC1608G 数据采集卡（量程为±10V模拟输出），CT5201 恒流适配源，CT1010LC 振动加速度传感器（灵敏度为 103.6mV/g）。受双盘式磁力耦合器安装条件和试验测试成本的限制，无法将传感器布置在高速旋转的永磁转子上以直接测量它的振动加速度。由于双盘式磁力耦合器振动将通过永磁转子引起输出轴轴套纵向振动，因此本节通过在轴套处布置加速度传感器，测量输出轴轴套纵向振动信号，以间接反映永磁转子振动。

图 4-7　样机试验

将表4-1的参数代入式（4-5），可得出 0 阶力波的振动加速度的近似表达式为

$$a = -0.000052(x-1100.4)^2 + 39.3 \tag{4-10}$$

式中　x——双盘式磁力耦合器的输入转速（r/min）；

　　　a——永磁转子的振动加速度（m/s²）。

图 4-8 为变频电动机的输入转速以 100r/min 步长逐渐递增时，双盘式磁力耦合器的振动加速度平均值的变化曲线。分析可知，当输入转速小于 1100r/min 时，振动加速度整体呈现增加趋势；当输入转速大于 1100r/min 时，振动加速度整体呈现减小趋势，并在 1100r/min 时振动加速度达到最大值，这与式（4-10）的理论分析较为接近；试验值、仿真值与理论值

三者曲线形态近似,即与电磁径向力波谐波响应理论分析的结果相吻合,也验证了谐波响应NVH 特性分析的正确性。

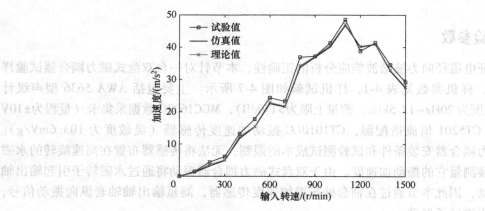

图 4-8　不同输入转速下加速度变化

4.4.2　试验内容

1. 试验方法

试验时,起动变频电动机后,首先设置负载转矩为 200N·m,在控制台输出指令使执行机构调节永磁转子与铜盘之间的气隙保持不变,逐步改变变频电动机(输入电动机)的转速,使其提供 0~1500r/min 的转速。记录下不同输入转速下,双盘式磁力耦合器永磁转子的振幅。

2. 信号及数据处理

通过振动采集系统获取双盘式磁力耦合器在不同输入转速下的加速度振幅数据。图 4-9 为最大转速 1500r/min 时,双盘式磁力耦合器的振动加速度频域图。与图 4-3 中响应频谱加速度图对比可知,双盘式磁力耦合器的振动存在丰富的振动峰值,当变频电动机的输入转速为 1500r/min 时,最大的振动峰值及频率约为 35m/s² 和 4950Hz,与仿真得到的最大振动峰值及频率的误差百分比对应为 6.3% 和 1.1%,产生误差的原因为未考虑磁饱和等非线性状态,但两者结果较为接近。

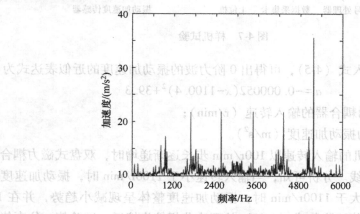

图 4-9　1500r/min 时的振动加速度频域

4.4.3　双盘式磁力耦合器的振动噪声计算

r 阶双盘式磁力耦合器的电磁径向力波的声压级水平可表示为

$$L_P = 10\log\left(\frac{2P_{\mathrm{S}}}{P_{\mathrm{sref}}}\right) \tag{4-11}$$

式中　P_{S}——双盘式磁力耦合器对应频率辐射的声功率（W）；

　　　P_{sref}——参考声功率级，数值为 10^{-12}W。则有

$$P_{\mathrm{S}} = 4\sigma_{\mathrm{rel}}\rho c \pi^3 f_{\mathrm{e}} \Delta^2 R_{\mathrm{out}} L_{\mathrm{al}} \tag{4-12}$$

式中　$\sigma_{\mathrm{rel}} = k^2/(k^2+1)$；

　　　$k = 2\pi R_{\mathrm{out}} f_{\mathrm{e}}/c$；

　　　ρ——声波的传播介质密度，即 10℃空气密度为 1.248kg/m³；

　　　c——10℃及一个标准大气压下空气介质中的声速，337m/s；

　　　f_{e}——双盘式磁力耦合器某一转速下对应的频率；

　　　R_{out}——永磁转子的外径（m）；

　　　L_{al}——永磁转子的长度（m）；

　　　Δ——永磁转子的外表面形变量，即为式（4-9）中的 $V(\omega)$，（m）。

将表 4-1 中的参数与式（4-9）中计算得出的形变量代入式（4-11）与式（4-12），可得出双盘式磁力耦合器在 0~1500r/min 的最大声压级；利用 AWA 5636 型声级计依次测量试验样机的实际噪声，对比数值参见表 4-2。

表 4-2　样机噪声计算值与试验值对比

变频电动机的输入转速/ (r/min)	计算声压级数值/ dB	实际测量的噪声/ dB	误差（%）
100	73.8	81	8.9
200	75.3	81.7	7.8
300	76.9	83.1	7.5
400	79.6	84.5	5.8
500	80.5	85	5.3
600	81.7	86.1	5.1
700	83.7	87.7	4.6
800	85.6	86.6	1.2
900	85.4	87.2	2.1
1000	85	89	4.5
1100	86.7	91.4	5.1
1200	88.6	95.8	7.5
1300	93	98.7	5.8
1400	94.9	100.4	5.5
1500	97.6	101.7	4.0

分析表 4-2 可知，试验测试值大于计算值，但两者误差较小，最大误差仅为 8.9%。由于本节所用的方法仅考虑电磁振动噪声与结构振动噪声，而实际测试还包括环境噪声，摩擦等非线性因素，造成试验值大于计算值，因此试验结果与计算结果有误差是合理的。

4.5 双盘式磁力耦合器的气隙优化

假设三相异步电动机的输入端转速为 1480r/min，双盘式磁力耦合器的每个永磁体盘上永磁体的个数为 10，铜盘厚度为 8mm。考虑制造、安装及使用的实际情况，改变永磁体和铜盘之间的气隙，使气隙从 2.5mm 到 12.5mm 以步长 2.5mm 依次增大，分析气隙对双盘式磁力耦合器输出转矩与输出转速的影响，仿真结果如图 4-10 所示。

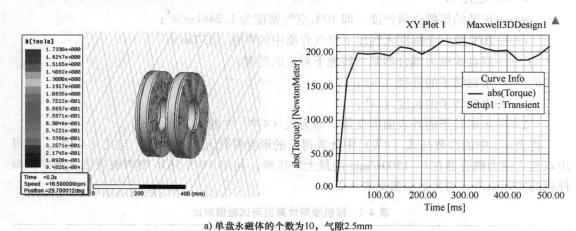

a) 单盘永磁体的个数为10，气隙2.5mm

b) 单盘永磁体的个数为10，气隙5mm

图 4-10 气隙优化仿真结果

Time—时间　Speed—转速差　Position—方位　Curve Info—曲线信息

abs（Torque）—转矩　e+xx—x10^{xx}　e-xx—x10^{-xx}　rpm—r/min　deg—（°）

Setup1：Transient 设置 1：瞬态　XY Plot 1：xy 绘图

Maxwell3DDesign1：麦克斯韦尔三维设计 1　Torque：转矩　Newton Meter：N·m

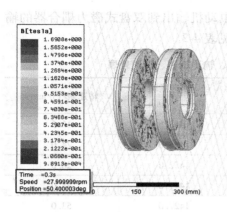
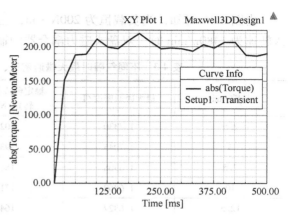

c) 单盘永磁体的个数为10，气隙7.5mm

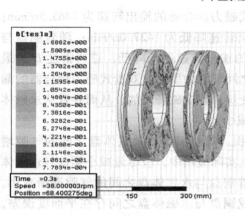
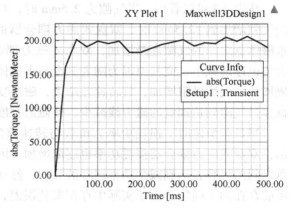

d) 单盘永磁体的个数为10，气隙10mm

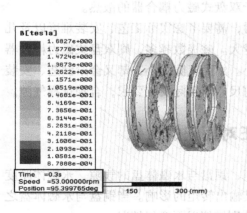
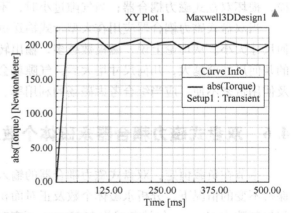

e) 单盘永磁体的个数为10，气隙12.5mm

图 4-10　气隙优化仿真结果（续）

Time—时间　Speed—转速差　Position—方位　Curve Info—曲线信息

abs（Torque）—转矩　e+xx—x10ˣˣ　e-xx—x10⁻ˣˣ　rpm—r/min　deg—（°）

Setup1：Transient 设置1：瞬态　XY Plot 1：xy 绘图

Maxwell3DDesign1：麦克斯威尔三维设计 1　Torque：转矩　Newton Meter：N·m

由图 4-10 可知，当负载恒为 200N·m，三相异步电动机输出到双盘式磁力耦合器的输入转速为 1480r/min 时，双盘式磁力耦合器的输出转速见表 4-3。

表 4-3　不同气隙时最大磁通密度、输出转矩、输出转速、转速差表

气隙/mm	最大磁通密度/T	稳定阶段的输出转矩/N·m	稳定阶段的输出转速/(r/min)	转速差/(r/min)
2.5	1.7330	202	1463.5	16.5
5	1.7045	193	1456.0	24.0
7.5	1.6908	184	1452.0	28.0
10	1.6862	171	1442.0	38.0
12.5	1.6827	164	1427.0	53.0

从表 4-3 可以看出，当气隙为 2.5mm 时，双盘式磁力耦合器的输出转速为 1463.5r/min；当气隙增加到 12.5mm 时，双盘式磁力耦合器的输出转速降低为 1427.0r/min；随着铜盘与永磁体盘之间的气隙逐渐增加，双盘式磁力耦合器的输出转速逐渐降低，磁通密度 B 的最大值也逐渐减小，究其原因为随着铜盘与永磁体盘之间气隙的增加，双盘式磁力耦合器的漏磁增加，气隙磁阻增加，且转速差增大，磁通变化变快，感应磁场增加，从而导致从永磁体盘穿过气隙到达铜盘的磁力线减少，使磁通密度 B 减小。

当负载恒定时，损耗功率为负载与转速差的乘积。随着铜盘与永磁体盘之间的气隙增加，双盘式磁力耦合器损耗功率也逐渐增加。因此在实际应用中，应尽量减小铜盘与永磁体盘之间的气隙，达到减少功率损耗的目的。然而随着铜盘与永磁体盘之间的气隙逐渐减小，可能存在如下问题：由于实际中存在安装误差，造成铜盘与永磁体盘之间存在平面度误差，且双盘式磁力耦合器运行时会存在振动，当气隙过小时，永磁体盘和铜盘之间可能存在碰撞，损坏双盘式磁力耦合器；当气隙过小时，不利于双盘式磁力耦合器的散热。

当双盘式磁力耦合器应用在大型带式输送机上时，需要考虑实际工艺、安装难度以及几何尺寸大小。从理论上说，磁极数越多，输出转矩越大。磁极数越多，则双盘式磁力耦合器的几何尺寸就越大，几何尺寸增大后，气隙就会变小。然而气隙太小，却又会给制造、安装及使用带来不便。应当综合考虑磁场的利用率、几何尺寸与实际安装要求，合理选择气隙。

4.6　双盘式磁力耦合器永磁体个数及正对面积的优化

本节在负载恒定，双盘式磁力耦合器的输入转速、铜盘与永磁体盘的气隙、永磁体厚度保持不变的情况下，分析永磁体个数及正对面积对其输出转矩的影响。当铜盘与永磁体盘之间的气隙为 10mm，保持负载为 200N·m 不变时，分别模拟以下两组情况：

（1）当永磁体正对面积不变，而永磁体的个数改变时：

① 单个永磁体盘上的永磁体个数为 6，永磁体正对面积（长×宽）为（76×38）mm² 的情况。

② 单个永磁体盘上的永磁体个数为 8，永磁体正对面积（长×宽）为（76×38）mm² 的情况。

　　③ 单个永磁体盘上的永磁体个数为 10，永磁体正对面积（长×宽）为（76×38）mm² 的情况。

　　④ 单个永磁体盘上的永磁体个数为 12，永磁体正对面积（长×宽）为（76×38）mm² 的情况。

　　⑤ 单个永磁体盘上的永磁体个数为 14，永磁体正对面积（长×宽）为（76×38）mm² 的情况。

　　（2）当永磁体的个数不变，而永磁体正对面积改变时：

　　⑥ 单个永磁体盘上的永磁体个数为 10，永磁体正对面积（长×宽）为（76×38）mm² 的情况。

　　⑦ 单个永磁体盘上的永磁体个数为 10，永磁体正对面积（长×宽）为（76×48）mm² 的情况；

　　⑧ 单个永磁体盘上的永磁体个数为 10，永磁体正对面积（长×宽）为（76×58）mm² 的情况。

　　⑨ 单个永磁体盘上的永磁体个数为 10，永磁体正对面积（长×宽）为（76×68）mm² 的情况。

　　⑩ 单个永磁体盘上的永磁体个数为 10，永磁体正对面积（长×宽）为（76×78）mm² 的情况。

　　仿真结果见表 4-4，可以看出永磁体的个数对输出转矩的大小有直接的影响。永磁体的个数不能太少，由静磁能分析可知，当 N、S 极每变化一次，静磁能的储存便增加一次，这样永磁体的个数多有利于静磁能的储存，静磁能最终被转化成动能而被释放，所以永磁体的个数多，有利于输出转矩的增大。但是永磁体的个数也不能无限制增大，不同的永磁体距离近，磁通泄漏增大，使气隙磁通密度减小，造成输出转矩下降。

表 4-4　永磁体个数以及永磁体正对面积与输出转矩的关系

序　号	永磁体个数	永磁体正对面积/mm²	输出转矩/N·m
①	6	76×38	190
②	8	76×38	194
③	10	76×38	208
④	12	76×38	201
⑤	14	76×38	196
⑥	10	76×38	208
⑦	10	76×48	215
⑧	10	76×58	227
⑨	10	76×68	232
⑩	10	76×78	228

　　当永磁体正对面积相同时，图 4-11a、b、c 所示分别为单个永磁体盘的永磁体个数为 6、14 和 10 时双盘式磁力耦合器的磁通密度云图。通过云图分布可以看出永磁体个数为 6 时，磁通密度最小；永磁体个数为 14 时，漏磁较多；永磁体个数为 10 时，磁通密度最佳。当双

盘式磁力耦合器应用在大型带式输送机上时，需考虑永磁体的利用率和制造成本，合理选择永磁体个数和正对面积。

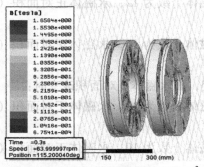

a) 单盘6个永磁体，横截面积为(76×38)mm²

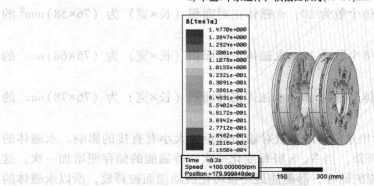

b) 单盘14个永磁体，横截面积为(76×38)mm²

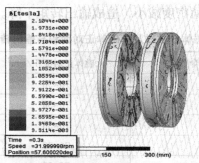

c) 单盘10个永磁体，横截面积(76×38)mm²

图 4-11　不同横截面积和永磁体个数时双盘式磁力耦合器的磁通密度云图
Time—时间　Speed—转速差　Position—方位　rpm—r/min　deg—(°)

4.7　双盘式磁力耦合器永磁体厚度的优化

永磁体厚度在双盘式磁力耦合器的磁路设计中也是一个重要的参数。厚度的大小直接影响输出转矩和双盘式磁力耦合器的成本。

当双盘式磁力耦合器的轴向长度增大时，单个永磁体的 N 极到 S 极的距离增加，磁极间的漏磁减少。当输入转速、气隙、负载转矩三者保持不变时，双盘式磁力耦合器的输出转速随着永磁体轴向长度的增加而增大。

永磁体在磁路中提供磁通势，磁路中气隙磁通密度越大，转矩越大。在保证轭铁不发生磁饱和的情况下，将铜盘与永磁体盘之间距离设置为 10mm，负载为 200N·m 时，依次模拟永磁体厚度为 5mm、10mm、15mm、20mm、25mm、30mm、35mm 及 40mm，进行多组不同永磁体厚度的输出转矩仿真，数据见表 4-5，仿真结果如图 4-12 所示。

表 4-5　不同永磁体厚度时的输出转矩

永磁体厚度/mm	输出转矩/N·m
5	133
10	143
15	152
20	165
25	172
30	189
35	190
40	192

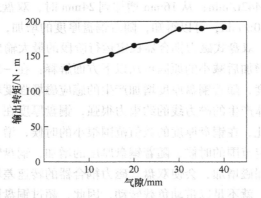

图 4-12　不同永磁体厚度时双盘式磁力耦合器的输出转矩

由表 4-5 和图 4-12 可知，当永磁体厚度从 5mm 增加到 40mm 时，随永磁体厚度的增加，输出转矩逐渐增大，但增加速度变得缓慢或不增加。这是因为永磁体随厚度的增加，一方面磁通势增加，而另一方面磁阻、漏磁也增加，当厚度增加到一定值后，所增加的磁通势几乎全部消耗在增加的磁阻和漏磁上，而对外磁路的贡献很小甚至没有。由此可知，永磁体厚度对双盘式磁力耦合器的输出转矩影响还是很大的。

当双盘式磁力耦合器应用在大型带式输送机上时，永磁体厚度要选择在一个适当范围内。当传递相同的输出转矩时，若永磁体厚度偏小，会造成转速差增加，同时涡流损耗也会增加，不利于散热，使得传递效率降低。若增大永磁体厚度，必然会增加磁力耦合器体积、重量和成本，因此在设计的时候要充分考虑永磁体厚度，使其在一个合适的范围内。

4.8 双盘式磁力耦合器铜盘厚度的优化

双盘式磁力耦合器运行过程中，铜盘会产生涡流损耗，因此也是影响双盘式磁力耦合器输出转矩的一个影响因素。

本节保持气隙、负载与单个永磁体盘的永磁体个数恒定，改变铜盘厚度，仿真双盘式磁力耦合器的输出转矩。在 Ansoft Maxwell 三维磁场软件中依次模拟铜盘厚度为 4mm、8mm、12mm、16mm、20mm 和 24mm 等情况，仿真结果见表 4-6。

表 4-6 不同铜盘厚度时的输出转矩

铜盘厚度/mm	输出转矩/N·m	输出转速/(r/min)
4	164	1422
8	173	1430
12	182	1437
16	184	1442
20	183	1433
24	183	1430

由仿真结果表 4-6 可知，当铜盘厚度从 4mm 增加到 16mm 时，双盘式磁力耦合器输出转速从 1422r/min 增加到 1442r/min；从 16mm 增加到 24mm 时，双盘式磁力耦合器的输出转速从 1442r/min 降低到 1430r/min，可以得知，随着铜盘厚度的增加，对输出转速的影响很小；当铜盘厚度为 16mm 时，双盘式磁力耦合器稳定运行阶段的最大输出转矩为 184N·m。

输出转矩与转速先增加后减小的原因可从以下方面解释：在一定范围内，铜盘厚度小于趋肤效应产生的趋肤深度，随着铜盘厚度增加产生的感应磁场强度增加，同时由于铜盘厚度很小，铜盘轭铁对永磁体产生的磁力线的约束力很强，铜盘厚度在一定范围内的增加，对永磁体漏磁影响很小，因此，在铜盘厚度的数值范围很小的时候，增加铜盘厚度使输出转速增加；当铜盘厚度超过一定范围的时候，随着铜盘厚度的增加，铜盘轭铁对永磁体产生的磁力线的约束力变弱，导致漏磁增加，会使双盘式磁力耦合器的转速差增加，当铜盘厚度增加到一定范围时，漏磁很大，就不足以带动负载转动，因此，超过铜盘厚度一定范围，随着铜盘厚度增加，输出转速降低，甚至不足以带动负载转动；随着铜盘厚度的增加，转速差逐渐增加，趋肤效应很明显，铜盘厚度对转矩的影响不是很大。

因此，当双盘式磁力耦合器运用在大型带式输送机上时，铜盘厚度要选择在一个适当范围内，在铜盘轭铁对磁力线约束力不减弱的情况下，适当增加铜盘的厚度，可以增加双盘式磁力耦合器的传递性能，铜盘厚度对双盘式磁力耦合器的输出转矩影响不是很明显，但铜盘厚度增加时，双盘式磁力耦合器的制造成本会随之增加。

4.9 本章小结

本章针对双盘式磁力耦合器的振动特性与输出特性，依次优化了铜转子组件、气隙、永磁体个数及正对面积、永磁体厚度与铜盘厚度。结果表明：

1）基于麦克斯韦张量法，建立了双盘式磁力耦合器的径向电磁力解析模型，并得出 0 阶与 10 阶电磁径向力波是产生振动噪声的最主要原因的结论。

2）利用多物理场耦合分析法进行谐波响应 NVH 特性分析，结果显示 0 阶力波的振动加速度与形变量均大于 10 阶力波的振动加速度与形变量，因此双盘式磁力耦合器的电磁振动主要来源于 0 阶力波。

3）在额定功率为 45kW，最高转速为 1500r/min 的双盘式磁力耦合器试验台进行振动测试，试验结果显示在 1500r/min 时，试验得出的最大的振动加速度峰值及频率约为 $35m/s^2$ 和 4950Hz，与有限元仿真结果值的误差百分比对应为 6.3% 和 1.1%；而当变频电动机的输入转速依次增大时，振动加速度的理论值、仿真值与试验值的曲线形态较为接近，误差较小；噪声估计值与实测值的最大误差百分比仅为 8.9%，基本验证了本章所提出模态叠加法的正确性。利用模态叠加法来分析振动噪声，为快速并准确地分析双盘式磁力耦合器的电磁振动噪声特性提供了一种有效的技术手段。

4）当铜转子组件的连接板数量选择 8 块时，其固有频率、力学变形和温升情况均可以达到最优的结果；气隙对双盘式磁力耦合器的输出转矩影响较大，当气隙增大时，双盘式磁力耦合器的输出转矩减小，并且减小量越来越大；增加永磁体个数、横截面积和永磁体厚度，可以增加双盘式磁力耦合器的输出转矩；铜盘厚度对双盘式磁力耦合器的输出转矩影响不大，并且随着铜盘厚度增加，输出转矩先增加后降低。

……情况下……

……情况下……

由于双盘式磁力耦合器的铜导体转子工作时存在一定的功率损耗，根据能量守恒定律，这些损耗会以热量的形式发散出来，这些热量使永磁体温度升高，如果不能及时散热，将降低其传动效率，尤其当温度超过永磁体的居里温度时，会导致永磁体发生不可逆退磁现象，损坏设备。因此，对双盘式磁力耦合器的温度场及散热进行分析是十分必要的。

5.1　双盘式磁力耦合器涡流损耗的有限元计算

随着有限元计算技术的研究和发展，越来越多的磁场计算选择了有限元数值分析方法。虽然理论计算公式可以描述双盘式磁力耦合器的涡流损耗，但计算过程较为烦琐复杂，运用三维磁场有限元软件，对双盘式磁力耦合器的涡流场进行模拟分析，可以直观地获得涡流场的分布情况，并与理论部分对比验证。

5.1.1　有限元计算基本步骤

由于双盘式磁力耦合器的磁场是一个复杂的三维空间场，因此选用 Maxwell 3D 模块进行分析，结合大型带式输送机实际应用工况，研究双盘式磁力耦合器在大功率高负载情况下的感应电流分布和功率损耗情况。

1. 有限元分析基本假设

钕铁硼永磁体轴向充磁，且永磁体均匀磁化；磁力耦合器中的铁磁物质的磁化曲线为非线性，铁磁物质各向同性，忽略其磁滞效应；磁力耦合器各部分材料均为各向同性，其电导率和磁导率均为常数；导体转子和永磁转子的轭铁视为厚度足够，不会发生磁饱和现象，忽略轭铁磁化对复合磁场产生的影响。

2. 有限元模型和求解器

有限元计算软件在三维模型的计算上性能异常突出，它支持多 CPU 并行处理，同时支持多计算机分布计算，这给大尺度或者高精度模型求解带来方便。本课题建立了双盘式磁力耦合器的三维物理模型，如图 5-1 所示。考虑到软件计算时的运动域和求解域的选择，在永磁转子外设置运动域 band，采用材料属性为真空。双盘式磁力耦合器外部求解域 region 的尺寸为双盘式磁力耦合器外形尺寸的两倍，求解域 region 外围可看作是零磁位面，以此简化复杂三维磁场的开域问题。

Maxwell 3D 模块的求解器类型如图 5-2 所示，由于双盘式磁力耦合器工作时需要永磁体盘与导体盘发生相对运动，故选择瞬态磁场。相对于其二维求解器，两者在磁场部分基本一致，但在瞬态磁场计算中，二维求解器支持外转子分析和多转子不同速度分析，而三维求解器暂时还无此功能，三维求解器仅支持单一转子运动，不支持多自由度的计算。

图 5-1　磁力耦合器
单盘三维模型

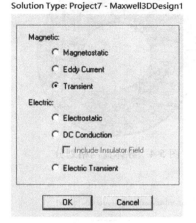

图 5-2　三维求解器类型

Solution Type—求解类型　Project—项目　Design—设计　Magnetic—与磁相关的　Magnetostatic—静磁场　Eddy Current—涡流　Transient—瞬态　Electric—与电相关的　Electrostatic—静电式　DC Conduction—直流传导电场　Include Insulator Field—包含绝缘场　Electric Transient—电瞬变

3. 激励源加载和边界条件

相对于电动机激励源加载，双盘式磁力耦合器在 Maxwell 中的激励加载方式较为简单。双盘式磁力耦合器是通过导体盘切割气隙中的磁力线，产生感应电流作为激励加载方式的，同时应在软件的涡流效应设置中选择导体盘部件。

在三维瞬态场中，其边界条件包括 Zero Tangential H Field 边界条件，即磁场强度切向分量恒为零边界条件，Insulating Boundary 绝缘边界条件，Symmetry 对称边界条件和 Master Slave 主从边界条件。

4. 划分网格

在三维求解器中，目前 Maxwell 仅支持四面体单元（也称作三棱锥单元），这种单元形状简单，对于复杂三维实体和复杂曲面实体的网格划分稳定，几乎可以在所有三维有限元软件中找到它的应用案例。Maxwell 3D 模块中采用了四面体单元作为网格划分，可以使得所计算的模型有一个更真实更稳定的结果。各部分部件网格划分后的结果如图 5-3~图 5-5 所示。

图 5-3　网格划分

5. 求解和后处理操作

确定分析类型和分析选项后，需设定求解器参数。单击 Maxwell 3D/analysis setup/add solution setup 命令，弹出如图 5-6 所示的瞬态求解器设置界面。根据双盘式磁力耦合器的工作状态确定仿真停止时间，然后保存仿真过程中需要的时刻场数据。在求解和网格划分设定完毕后，还需要进一步定义运动的机械属性，运动求解域是 band，按照软件的默认操作流程，选择 band 部件，单击 Maxwell 3D/model/motion setup/assign band 命令，进行运动属性设置。

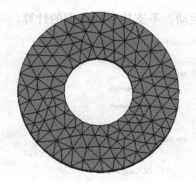

图 5-4　导体盘网格划分

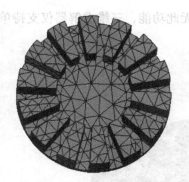

图 5-5　永磁体处网格划分

a) 仿真终止时间和步长设置

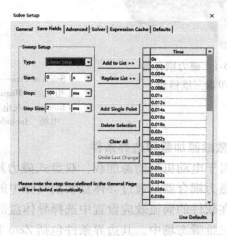

b) 需要保存的场时间点设置

图 5-6　瞬态求解器设置

Solve Setup—求解设置　General—主要的　Save Fields—保存的场　Advanced—高级的　Solver—求解器　Expression Cache—表达式缓存　Defaults—默认　Name—名称　Enabled—启用　Transient Setup—临时设置　Stop time—停止时间　Time step—时间步长　Use Default（s）—使用默认值　Sweep Setup—扫描设置　Type—类型　Linear Step—线性步长　Start—开始　Stop—结束　Step Size—步长　Add to List—添加至列表　Replace List—替换列表　Add Single Point—增加特有点　Delete Selection—删除选择　Clear All—清空　Undo Last Change—撤销上次更改　Please note the stop time defined in the General Page will be included automatically. —请注意，一般页面中定义的停止时间将自动包括在内

5.1.2　模拟结果和分析

设定气隙为 10mm，输入转速 1000r/min，转速差为 60r/min，对双盘式磁力耦合器在大功率工况下的涡流损耗状况，进行模拟分析。

图 5-7 所示为双盘式磁力耦合器的整体磁感应强度云图，磁感应强度的最大值出现在永磁体附近，由于铁磁材料的导磁性能良好，使得永磁体轭铁上的磁通密度值也较大。从轴向上分析，由永磁体表面经过气隙至导体盘上，磁感应强度呈现出逐渐减小的趋势。图 5-8 所示为双盘式磁力耦合器磁通密度矢量图。据此进一步分析双盘式磁力耦合器磁场强度的分布情况，从图 5-8 可以看出，在轴向上，磁力线有进有出，相邻永磁体的磁力线方向正好相反，形成 N 极—导体轭铁—S 极—永磁体—气隙—永磁体轭铁—气隙—S 极—永磁体—N 极的磁场回路。

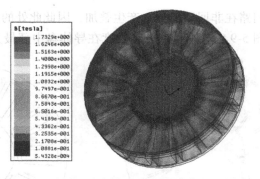

图 5-7 双盘式磁力耦合器的整体磁感应强度云图

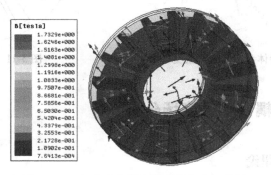

图 5-8 双盘式磁力耦合器磁通密度矢量图

在 Maxwell 的求解设置中，将仿真时间设置为 100ms，仿真步长不能设置过大，否则将导致结果失真，在此将仿真步长设置为 2ms，意为每隔 2ms 记录一次计算结果，共记录 50 次。图 5-9 所示为导体盘上的感应电流密度分布云图，从图 5-10 能够看出在导体盘上各个位置感应电流密度并不相同，导体盘中部的感应电流密度较大，两个圆周侧的感应电流的密度较小。图中最大的感应电流密度值为 $2.5279 \times 10^7 \text{A/m}^2$。

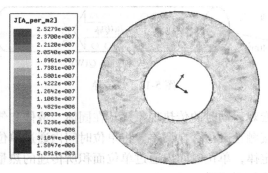

图 5-9 导体盘感应电流密度分布云图

$[\text{A\_per\_m2}] — \text{A/m}^2$

图 5-10 所示为导体盘上感应电流密度矢量图，从图中可以看出，导体盘上的感应电流具有一定的方向性和规律性，图 5-11 是为了将图 5-10 感应电流矢量图的分布规律更为清晰地表达出来所画的示意简图。可以看出，感应电流大致是围绕着铜盘表面的矩形 1 形成闭合

的电流回路，相邻两个回路在非回路部分2产生叠加，因此此处的感应电流密度较其他位置会更大，进一步解释了图5-9中感应电流分布密度在导体盘中部最大的现象。

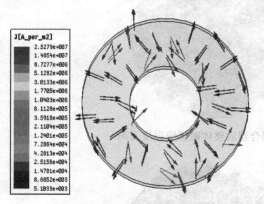
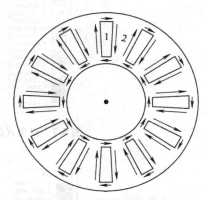

图 5-10　导体盘感应电流密度　　　　　　图 5-11　感应电流走向

5.2　双盘式磁力耦合器温度场分析

5.2.1　传热学基本理论

1. 热量传递的基本方式

传热（或作热传、热传递）是物理学上的一个物理现象，是热能从高温向低温部分转移的过程，传热有三种方式：热传导、热对流、热辐射。

（1）热传导　热传导是指物体各部分不发生相对位移时，依靠分子、原子及自由电子等微观粒子的热运动而产生的热量传递。热传导示意图如图5-12所示。

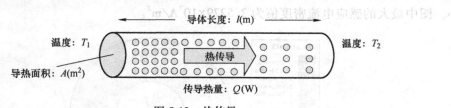

图 5-12　热传导

热传导是介质内无宏观运动时的传热现象，其在固体、液体和气体中均可发生，其特点是导热的双方必须直接接触且必须存在温差。将单位时间内通过单位面积的热流量称为热流密度，按热传导傅里叶定律，单位时间内通过单位面积所传递的热量与温度梯度成正比，热流量及热流密度的关系式如下所示：

$$\Phi = -\lambda A \frac{\mathrm{d}t}{\mathrm{d}x} = -\lambda A \frac{\Delta t}{\delta} \tag{5-1}$$

$$q = \frac{\Phi}{A} = -\lambda \frac{\Delta T}{\delta} \tag{5-2}$$

式中　λ——导热系数，是表征材料导热性能优劣的参数，是一种物性参数 $[\mathrm{W/(m \cdot K)}]$；

Φ——热流量（W）；

q——热流密度（W/m^2）；

$\dfrac{\mathrm{d}t}{\mathrm{d}x}$——温度沿 x 方向的变化率；

δ——x 方向的长度（mm）。

（2）热对流　热对流又称对流传热，是由于流体的宏观运动，从而使流体中质点发生相对位移，冷热流体互相混合所引起的热量传递过程。热对流主要有三种基本形式，既自然对流、强迫对流和湍流，其中湍流的热传递效率最高。

对流换热是导热与热对流同时存在的复杂热传递过程，这个过程中必须有直接接触（流体与壁面）和宏观运动，同时两者也必须存在温差。热对流所散发的热量用牛顿冷却定律来计算，即为

$$\Phi = h \cdot A \cdot \Delta t \tag{5-3}$$

$$q = h \cdot \Delta t \tag{5-4}$$

式中　Φ——热流量（W）；

A——壁面面积（m^2）；

Δt——温度差（℃）；

q——热流密度（W/m^2）；

h——表面传热系数（W/m^{2}K），此处 h 不是物性参数。

（3）热辐射　热辐射是指由热运动产生的，以电磁波形式传递能量的现象。在自然界中，所有温度大于 0K 的物体都具有产生热辐射的能力，其温度越高，发射热辐射的能力就越强。与前两者传热方式不同的是，热辐射可以不借助中间媒介，直接在真空中传播。不同物体间热辐射进行的能量传递都是双向的，即从高温物体传导至低温物体，同时低温物体也向高温物体进行热辐射。

物体在高温状态下，辐射换热是非常重要的换热方式，物体表面单位面积与环境的热辐射交换可以由斯蒂芬-玻尔兹曼定律求出，黑体的总放射能力与它本身热力学温度的四次方成正比，即

$$q = \sigma \varepsilon (T_1^4 - T_2^4) \tag{5-5}$$

式中　q——热流密度（W）；

ε——发射率；

σ——斯蒂芬-波耳兹曼常数；

T_1、T_2——物体表面温度和环境温度（℃）。

2. 导热微分方程式

求解热传导问题的实质是获得温度场，为了从数学层面上获得导热物体温度场的解析表达式，需建立温度分布函数满足的基本方程式，即导热微分方程式。由于是非稳态导热，微元体的问题随时间变化，存在着内能的变化。从 X，Y，Z 三个方向界面上有导入和导出的微元体热量，内热源产生的热量。其能量守恒关系为：导入与导出净热量+内热源发热量=物体内能增量，根据热学基本定律和能量守恒规律，可以推导出导热微分方程的基本形式，即

$$\rho c \frac{\partial t}{\partial \tau} = \frac{\partial}{\partial x}\left(\lambda_x \frac{\partial t}{\partial x}\right) + \frac{\partial}{\partial y}\left(\lambda_y \frac{\partial t}{\partial y}\right) + \frac{\partial}{\partial z}\left(\lambda_z \frac{\partial t}{\partial z}\right) + q_t \quad (5\text{-}6)$$

式中　λ_x、λ_y、λ_z——三个坐标方向的导热系数；

$\quad\quad\quad t$——温度场任意位置处的温度（℃）；

$\quad\quad\quad q_t$——热源密度（W/m²）；

$\quad\quad\quad \rho$、c——物体的密度（kg/m³）和比热容 [J/(kg·℃)]；

$\quad\quad\quad \partial t / \partial \tau$——节点温度对时间的导数。

导热微分方程式可以描述物体温度随时间和空间的变化关系，但没有涉及具体的、特定的导热过程，是通用表达式，只能求得温度场的通解。这对求解温度场显然是不够的，还需要定解条件。

3. 边界条件

导热微分方程式是描述物体温度随时间和空间变化关系的，有无穷多解，为通过导热微分方程式获得某一特定问题的唯一解，需要一定的定解条件，即相应的边界条件。因此，导热问题的完整数学描述为：导热微分方程+定解条件。

常见的边界条件分为三类：

第一类边界条件：指定边界上的温度分布，即：

$$t_w = f(x) \quad (5\text{-}7)$$

式中，边界上的温度 t_w 与位置 x 是确定的函数关系，如当 $x=0$ 时，$t=t_{w1}$；$x=\delta$ 时，$t=t_{w2}$。

第二类边界条件：给定边界上的热流密度，即：

$$-\lambda \frac{\partial t}{\partial n}\bigg|_w = f(x) = q_w \quad (5\text{-}8)$$

第三类边界条件：给定边界上物体与周围流体间的表面传热系数以及流体温度，根据牛顿散热定律，边界与流体的对流换热关系为

$$q_w = h(t_w - t_f) \quad (5\text{-}9)$$

式中　t_f——周围流体的温度（℃）。

根据 Fourier [热量等于换热系数乘以（边界温度−周围流体的温度）]，第三类边界条件可以写成

$$q_w = -\lambda \left(\frac{\partial t}{\partial n}\right)_w \quad (5\text{-}10)$$

5.2.2　温度场研究的前处理

1. 热源密度

双盘式磁力耦合器在工作过程中，不可避免地存在着电磁损耗和机械损耗。电磁损耗主要包括导体盘的铜损以及主、从动转子轭铁的铁损，机械损耗主要包括轴承的摩擦损耗以及双盘式磁力耦合器表面的风摩损耗。根据能量守恒定律，这些损耗最终转化成热量的形式，成为双盘式磁力耦合器的热源从而产生温升。由于机械损耗和铁损相对于铜损可以忽略不计，因此，将导体盘上的铜损视为双盘式磁力耦合器的位移热源。

根据双盘式磁力耦合器的涡流损耗和热源生成率的定义，可得平均热源密度为

$$q_v = \frac{P_{cu}}{V} \tag{5-11}$$

式中　P_{cu}——导体盘的涡流损耗功率（W）；

　　　　V——导体盘的体积（m^3）。

2. 导热系数

双盘式磁力耦合器中的铜、轭铁、钕铁硼永磁体、铝等材料，其导热系数受环境影响不大，通过相关资料，可以得到双盘式磁力耦合器导体盘、永磁体、轭铁、铝盘的导热系数。由于双盘式磁力耦合器工作时气隙之中的空气流动，导体转子和永磁体转子与气隙之间主要是以对流方式进行换热，使得双盘式磁力耦合器温度场和流场相耦合，增加了温度场的求解难度。

为简化双盘式磁力耦合器的温度场分析，引入有效导热系数的概念，将气隙内流动空气的热交换过程用静止气体的导热系数来描述，从而使得导体转子和永磁体转子之间所传递的热量和空气流动时所传递的热量相同，用热传导的方式代替对流换热进行计算。此时，气隙处的有效导热系数可如下计算：

$$\lambda_e = 0.0019 \delta^{-2.9084} Re^{0.4614\ln(3.33361\delta)} \tag{5-12}$$

$$\delta = \frac{d_2}{d_1} \tag{5-13}$$

$$Re = \frac{\pi d_2 l_2 n}{60\gamma} \tag{5-14}$$

式中　d_1、d_2——导体转子和永磁体转子的直径（m）；

　　　　Re——气隙的雷诺数；γ 为空气的运动黏度（m^2/s）；

　　　　n——导体转子的转速（r/min）；

　　　　l_2——磁力耦合器工作时的气隙大小（m）。

3. 表面传热系数

在对流换热时，通过发热体表面的热流密度取决于冷却介质、发热体表面温度差和表面传热系数。由于表面传热系数受诸多因素影响，无法准确计算实际数值，一般采用经验公式给定。

转子的各个外圆表面的表面传热系数 a_1 如下计算

$$a_1 = \frac{1 + 0.25v_1}{450} \times 10^4 \tag{5-15}$$

式中　v_1——风冷气体介质流速（m/s），此处取 $v_1 = \pi n d_1 / 60$。

转子轭铁端面与气隙交界处的表面传热系数 a_2 可用下式表示

$$a_2 = 28(1 + \sqrt{0.45v_2}) \tag{5-16}$$

式中　v_2——端面处轴向气流速度（m/s），此处假定为转子平均圆周速度的 10%。

转子表面与气隙处的表面传热系数 a_3 可用以下表达式计算

$$a_3 = 0.023 Re^{0.8} Pr^{0.4} \frac{\lambda_{air}}{l_2} \tag{5-17}$$

式中　Pr——普朗特数，此处给定为 0.713；

　　　　λ_{air}——空气的导热系数。

5.3　三维温度场的有限元分析

基本上文的研究，确定了双盘式磁力耦合器的涡流损耗以及相关热参数值，通过有限元软件可对其温度场进行仿真求解。针对大型带式输送机的实际工况，本节采用有限元软件对双盘式磁力耦合器进行了三维温度场模拟分析，求得其整体以及各部件的温度分布。

1. 模拟结果

将上述求得的导热系数、表面传热系数及热源参数施加到双盘式磁力耦合器求解模型中。设置气隙为 10mm，输入转速为 1000r/min，环境初始温度为 20℃，转速差为 60r/min，对双盘式磁力耦合器的温度场进行分析。

2. 仿真结果分析

图 5-13~图 5-17 所示为双盘式磁力耦合器单侧盘的温度分布云图，从中可以看出，在以上工况下，双盘式磁力耦合器的最高温度出现在铜盘边缘位置的导体轭铁处，为 88.58℃；最小值出现在永磁体轭铁的中心位置，为 61.33℃。

参见图 5-13，从整体上看，双盘式磁力耦合器的温度在轴向上从铜盘向永磁体轭铁位置逐渐递减，在径向上呈现出由中心向圆周位置递增的趋势。

图 5-14 为铜盘的温度分布云图，从图中可以看出作为热源的铜盘，其温度分布是由圆心向圆周位置递增，最大温度出现在外圆周的位置。

图 5-15 为气隙处的温度分布云图，可以看出永磁转子和铜盘之间的气隙处的温度变化并不明显，但可以看出中心处的温度较圆周处的温度低。原因在于为保证双盘式磁力耦合器的有效功率，气隙的厚度取值很小，导致铜盘内的散热性能很差，造成了与铜盘相对位置处气隙的高温区域。

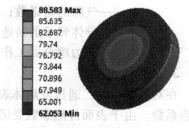

图 5-16 为永磁体轭铁的温度分布云图，其最高温度出现在铜盘一侧的表面位置，为 66.85℃。

图 5-13　整体温度分布云图

图 5-14　铜盘温度分布云图

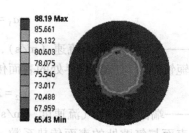

图 5-15　气隙温度分布云图

图 5-17 为永磁体温度分布云图，可以看出永磁体的最大温度均出现在靠近气隙一侧的

中心位置，为 69.49℃ ，而与永磁体轭铁相接触一侧的温度相对较低。原因在于铜盘作为磁力耦合器的唯一热源，通过内外侧空气对流换热散发热量，但内侧空气与导体转子对流换热很快就达到热饱和，因此永磁体内侧具有较高的温度。

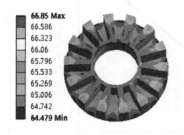
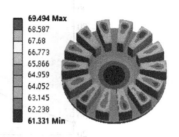

图 5-16　永磁体轭铁温度分布云图　　　　图 5-17　永磁体温度分布云图

钕铁硼永磁体是双盘式磁力耦合器的关键材料，其性能决定着整个装置的工作效率。永磁体在气隙中产生的磁场强度主要取决于永磁体内部的最大磁能面积和剩磁，两者的实测值越大，在气隙中产生的磁场越强，双盘式磁力耦合器运转时能传递的工作转矩就越大，一般其工作最高温度为 120℃ 。

为研究双盘式磁力耦合器在大功率工况时各部件的温升情况，选取一般功率以及五种大功率工况所对应的不同转速差进行分析。图 5-18 所示为双盘式磁力耦合器在不同转速差下的最大温度值，从图中可以看出，随着转速差不断增大，双盘式磁力耦合器最大温度值呈现出递增趋势，当转速差达到 90r/min 时，装置的最高温度达到 155.16℃ ，结合式（5-11）可知，随着转速差 Δn 增大，铜盘上的总涡流损耗 P_{cu} 也将增大，整体温度随之升高。图 5-19 为不同转速差下永磁体温度变化曲线，随着转速差 Δn 增大，热源温度升高，传导至永磁体上的热量增多，当转速差达到 90r/min 时，永磁体最高温度升至 118.30℃ ，这已经接近了永磁体最大工作温度，为保证双盘式磁力耦合器正常工作及安全可靠，应尽量避免这种危险工作状态，若要求在此类工况下运行，需要考虑加装散热设备，以保证双盘式磁力耦合器安全高效工作。

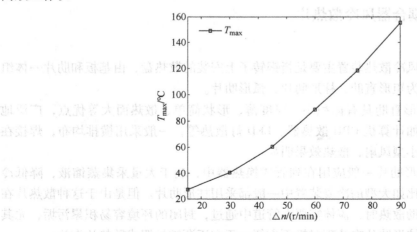

图 5-18　不同转速差下的最高温度曲线图

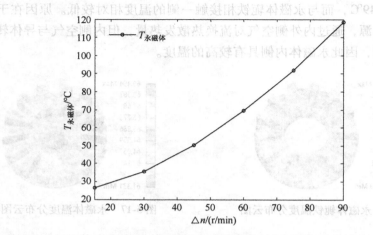

图 5-19　不同转速差下的永磁体温度曲线

5.4　双盘式磁力耦合器风冷散热装置研究

双盘式磁力耦合器的散热过程是整个系统正常运行的重要环节。双盘式磁力耦合器运行过程中会在导体盘上产生涡流损耗，这些损耗会以热量的形式发散开来，这不仅会造成双盘式磁力耦合器部件的温升现象，影响永磁材料的工作特性，降低双盘式磁力耦合器的可靠性和传递效率等，更为重要的是，随着双盘式磁力耦合器传递功率和运行转速差的增大，温升情况会更为严重，因此，散热问题更为重要。

双盘式磁力耦合器目前主要采用风冷和水冷这两种冷却方式来降低温升影响。水冷却方式效率高、降温显著，但会增加额外的设备成本，并使双盘式磁力耦合器设备体积增大。风冷散热在双盘式磁力耦合器中应用十分广泛，因而研究改善以风冷形式散热的双盘式磁力耦合器的传热性能，合理设计其散热结构具有重要的研究意义和工程实用价值。

5.4.1　双盘式磁力耦合器风冷散热片

1. 散热片类型

双盘式磁力耦合器风冷散热装置主要是指铜转子上安装的散热盘，由基板和肋片一体组成。散热片按形状可分为矩形直肋、柱形肋片、弧形肋片。

（1）矩形直肋　矩形直肋具有体积小、厚度薄、形状简单、散热面大等优点，广泛地应用在电子器件上，比如计算机 CPU 散热器、LED 灯散热等，一般采用横排均布，焊接在矩形的基板上，配合有小型风扇，散热效果明显。

（2）柱形肋片　柱形肋片一般应用在列管式换热器中，利于大量采集蒸馏液，降低冷却过程中的液体损失，比如大型的冷凝装置中一般都采用柱形肋片。但是由于这种散热片在添加流体冷却液进行辅助散热时，流体需要在管道中通过，封闭的环境容易积累污垢，尤其是在窄小尺寸情况下，柱形肋片在清理时极不方便，正在逐渐被板翅式散热片淘汰。

（3）弧形肋片　在大功率高速运转的设备中，同样的布置面积，弧形肋片能布置的体积更大，热传导能力比矩形直肋更好，因此，可以起到更好的散热效果。在双盘式磁力耦合器中，需要更大的散热面积所带来的热对流，同时，双盘式磁力耦合器导体转子侧铆接的方式更适合采用弧形肋片，因此，选取弧形肋片作为研究内容。

2. 散热片参数及研究方法

熵产伴随着摩擦和换热的影响，同时它也是散热的一个直接衡量因素，可以计算散热器向周围环境释放的热量。建立熵产和散热片之间关系的模型，可以用来优化在给定条件下所有可能的散热器设计方案。

弧形散热片虽与直肋散热片有所区别，但在垂直于基板方向上的截面形状一致，并且母线均垂直于基板。由于两种散热片有此类特征，就能借鉴等截面直肋散热器的设计方法和理论来进行弧形散热片的优化设计。

对弧形肋片散热器的优化设计主要过程为：除散热片几何尺寸中肋片前后两平行弧面间距 s、散热片起终止点与导体盘心连线的夹角 α、起终止点连线作为弦长的肋弧所对应的圆心角 β、肋片高度 H 等参数外，设定其他变量为定值。下面计算整个参变量中的最小熵产，运用数学软件的循环结构对所求的参变量进行迭代计算，求解出最小热阻所对应的散热片尺寸参数。

5.4.2　风冷散热片参数优化

1. 基本假设

为简化计算，做如下假设：

1）散热片端部绝热。

2）散热片材料各向同性且物理性质为常数。

3）无接触热阻和扩散热阻。

4）散热片温度变化只在高度方向产生，横向无温度变化。

5）空气视为物理性质为常数的不可压缩流体。

2. 热阻结构

在双盘式磁力耦合器风冷散热装置中，热量从热源（导体盘）散发到外界中有两种途径：

导体转子→基板→散热片→环境

导体转子→基板→基板外侧表面→环境

如图 5-20 所示，热量在散热装置基板中以导热方式传播，在散热片表面和基板外侧表面以对流方式散发到外界环境中。

仿照电流和电阻的关系，将环境与热源间的温度差等效为电动势差，将热阻视为电阻。如图 5-21 所示，是散热装置的热阻等效图，其中散热片热阻数量为 n，基板对流热阻数量为 n，因为存在温度差，热量沿着热阻向外界冷源流动。

3. 热阻

双盘式磁力耦合器风冷散热片模型中，散热片外部流动的扩展表面上，熵产和导热热阻之间的关系可以定义为

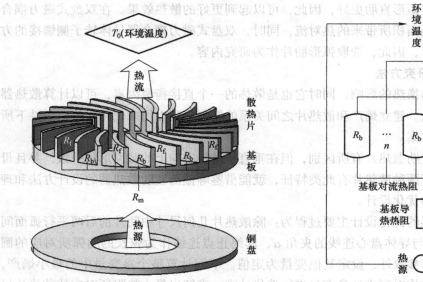

图 5-20　热量在基板中的传播

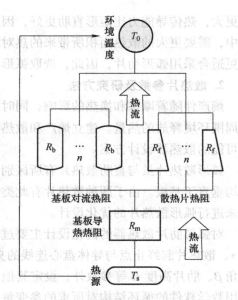

图 5-21　散热器等效热阻

$$S_{gen} = \frac{Q\theta_b}{T_0^2} + \frac{F_d V_f}{T_0} \tag{5-18}$$

式中　S_{gen}——风冷散热装置的熵产率（J/mol·K）；

　　　Q——散热系统的散热率（W）；

　　　θ_b——散热系统基盘的过余温度（℃）；

　　　F_d——总风力（N）；

　　　V_f——来流速度（m/s）；

　　　T_0——环境温度（℃）。

为简化设计，忽略式（5-18）右边的第二项，又根据 $\theta_b = Q \cdot R_{sink}$，散热装置的熵产可如下表示

$$S_{gen} = \frac{Q^2 R_{sink}}{T_0} \tag{5-19}$$

由式（5-19）可知，对于自然对流散热器，在环境温度以及散热量不变的情况下，散热装置热阻最小时的熵产最小。

散热装置的总热阻可表示为

$$R_{sink} = \frac{1}{\dfrac{n}{R_f} + \dfrac{n}{R_b}} + R_m \tag{5-20}$$

化简后的公式为

$$R_{sink} = \frac{R_f R_b}{n(R_f + R_b)} + R_m \tag{5-21}$$

式中　n——散热片数量；

　　　R_f——单个散热片热阻（℃/W）；

　　R_b——两散热片间基板对流换热热阻（℃/W）；

　　R_m——基板导热热阻在（℃/W）。

以下对各个部分的热阻公式进行推导。

散热装置两散热片间基板对流换热热阻：

$$R_b = \frac{1}{SLh_b} \tag{5-22}$$

式中　S——散热片的间距（m）；

　　　L——散热片弧长（m）；

　　　h_b——基板表面传热系数 $[W/(m^2 \cdot ℃)]$。

散热装置基板导热热阻：

$$R_m = \frac{t}{\kappa_b A} \tag{5-23}$$

式中　t——基板的厚度（m）；

　　　κ_b——基板的导热系数 $[W/(m \cdot ℃)]$；

　　　A——基板的面积（m^2）。

散热装置单个散热片热阻：

$$R_f = \frac{1}{\tanh(mH)\sqrt{hP\kappa A_c}} \tag{5-24}$$

式中　H——散热片高度（m）；

　　　h——散热片表面传热系数 $[W/(m \cdot ℃)]$；

　　　P——散热片周长（m）；

　　　κ——散热片导热系数 $[W/(m \cdot ℃)]$；

　　　A_c——散热片横截面面积（m^2）；

　　　m——散热片组合系数 $[2h/(k\Gamma)]^{1/2}$；

　　　Γ——散热片厚度（m）。

4. 弧肋的自变量参数

如图 5-22 所示，图 5-22a 为弧形散热片的形状，图 5-22b 为单个弧形散热片的平面参数示意图。

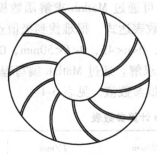 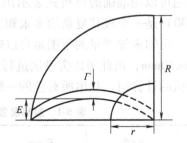

a) 弧形散热片的形状　　　　　　　　　　b) 弧形散热片的平面参数

图 5-22　弧形散热片参数示意图

在散热肋片的设计中，散热片的厚度远小于其弧长，可近似认为上下两段弧长相等，取一侧的高度 E 作为散热片弧度的特征值。

单个弧形散热片的周长包括两段弧线以及两端的曲面，为方便计算，将它的长度取为 1.2Γ，虚线段弧长以 $\sqrt{r^2+E^2}$ 带入计算。

$$\theta=\arcsin\left(\frac{4RE}{R^2+4E^2}\right) \tag{5-25}$$

式中　θ——肋片旋转角。

由此可以计算出散热片弧长为

$$L=2\theta\frac{R^2+4E^2}{8E} \tag{5-26}$$

经过简单的几何推算，可以得出散热片弧长可表示为

$$L=2\arcsin\left(\frac{4RE}{R^2+4E^2}\right)\frac{R^2+4E^2}{8E}-\sqrt{r^2+E^2} \tag{5-27}$$

则散热片的截面周长可表示为

$$P=2L+2.4\Gamma \tag{5-28}$$

散热片的横截面面积可表示为

$$A_c=L\times\Gamma \tag{5-29}$$

5. 散热装置总热阻

经过以上推导，仿照直肋散热片，运用最小热阻法推导出了弧形散热片的热阻公式。结合式（5-32）~式（5-35），散热装置的总热阻 S_{sink} 的数学表达式为

$$S_{\text{sink}}=\frac{1}{n\left(\dfrac{1}{\tanh(mH)\sqrt{hP\kappa A_c}}+\dfrac{1}{SLh_b}\right)SLh_b\tanh(mH)\sqrt{hP\kappa A_c}}+\frac{t}{\kappa_b A} \tag{5-30}$$

6. 计算结果分析

经以上的计算推导，可知关于双盘式磁力耦合器的风冷散热装置优化设计的热阻数学表达式中，共涉及 5 个未知参数的求解，分别是散热肋片的数量 n、散热肋片弧度值 E、散热肋片的高度 H、散热肋片的厚度 Γ、基板厚度 t。对双盘式磁力耦合器风冷散热装置的最优化尺寸设计，从数学意义上来说，即求得式中分母最大值时对应的一组自变量参数值。

在一个问题可以用准确的解析式表示出来时，可通过 Matlab 求解函数极值来求得最优解，而式（5-30）是一个极其复杂的多未知变量函数表达式，很难找到极值点。结合实际工况和设计经验，可知未知变量的范围是可以确定的，$0<n<45$，$0<E<50\text{mm}$，$0<H<40\text{mm}$，$0<\Gamma<15\text{mm}$，$0<t<30\text{mm}$，因此考虑穷举法进行最优化求解。通过 Matlab 编写程序，设计步数，求解最小热阻值的计算组，找出所对应的一组自变量参数值，见表 5-1。

表 5-1　散热装置 Matlab 计算参数表

参　　数	n/个	E/mm	H/mm	Γ/mm	t/mm
数　　值	24	25.4	25.6	8.1	10

5.4.3　风冷散热装置结构参数多物理场分析

1. 构建散热盘物理模型

双盘式磁力耦合器实际结构如图 5-23a 所示，散热片物理模型如图 5-23b 所示。

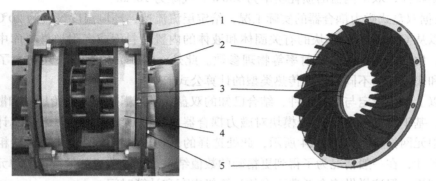

a) 双盘式磁力耦合器整体机构　　　　　b) 单侧导体转子物理模型

图 5-23　风冷散热装置结构与物理模型

1—散热片　2—基板　3—铜盘　4—永磁转子　5—导体轭铁

2. Comsol 流固耦合仿真分析

在热学分析中，热量的传递方式按照传热机理的不同分为热传导、热对流和热辐射三种。为了简化温度场仿真计算过程，选择双盘式磁力耦合器的一半作为研究对象，其中散热装置包含基板和散热片两部分。导体转子中的铜盘作为系统的热源，其热量传递和发散的过程为：它与导体轭铁相互接触，进行热量传递，导体轭铁与散热盘相互接触，实现导热。铜盘和导体轭铁以及散热盘的外表面主要以热对流的方式散发热量。为简化仿真过程，做如下假设：

1）导体盘、导体轭铁以及散热盘的材料均为各向同性导热介质。

2）导体盘和导体轭铁、导体轭铁和散热盘之间存在表面接触热阻，视为厚度为 50μm，导热系数为 2W/(m·K) 的薄层。

3）不考虑导体盘的趋肤效应，看作感应涡流在导体盘内均匀分布。

4）双盘式磁力耦合器在实际工况中有轴流通风机强化散热，在进行流固耦合仿真分析时，流体方向视为轴向流动，风量为 10m³/min，其环境流体为标准大气压下的干燥空气。

5）忽略导体盘、导体轭铁及散热盘与空气之间的导热作用。

基于双盘式磁力耦合器的工作环境与热学传递特性，建立温度场仿真的物理模型，对散热装置进行热学分析。在热稳态中，系统温度和位置有关，不随时间的变化而变化，稳态热力学分析的能量平衡方程为

$$[\boldsymbol{K}]\{\boldsymbol{I}\} = \{\boldsymbol{Q}\} \tag{5-31}$$

式中　K——导体转子各部分的热传导矩阵，包括热系数、对流系数及辐射系数和形状系数；

I——导体转子各部分的节点温度矢量（℃）；

Q——导体转子各部分节点热流矢量，包含热生成（W）。

在风冷散热装置有限元分析中，相关参数及求解域的边界条件如下：

1）系统的求解域包括导体转子域、永磁转子以及散热装置所在的三维模型区域。

2）铜盘为系统内的唯一热源，应在铜盘上施加体积热载荷。热载荷是由导体转子和永磁转子的转速差引起的涡流损耗热功率，为研究双盘式磁力耦合器在大转速差、高负载工况下的温度场特性，取单侧盘的损耗功率为950W，气隙为10mm。

3）依据双盘式磁力耦合器的实际工况，给定层流流速，环境温度设置为20℃。其余的参数，可以从Comsol传热模块的有关固体和液体的内置材料库或者附加材料库中获得，比如热导率、比热容、密度和发射率等物理参数。此外，Comsol传热模块还包含了传热系数的计算，和表面上的不同对流体传热类型的计算公式。

依据以上参数设定与边界条件，结合已知的双盘式磁力耦合器的原始尺寸和散热装置结构参数，基于Comsol流固耦合模块对磁力耦合器风冷散热装置进行热学仿真计算。散热装置的有限元网格模型如图5-24所示，此处选择的是物理场控制网格并选择特粗化代替默认的网格尺寸，在一般情况为了得到更精确的数值结果，可以选择其他预设的单元尺寸来进一步细化网格，但这样做将会耗费更多的计算机内存和计算时间。

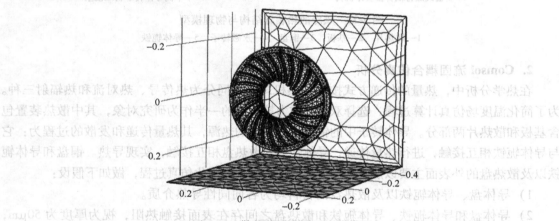

图5-24　散热装置有限元网格模型

图5-25显示了散热装置周围的流场分布，箭头显示了散热装置周围的流动速度，图5-26为通道壁和散热装置表面的温度场分布。

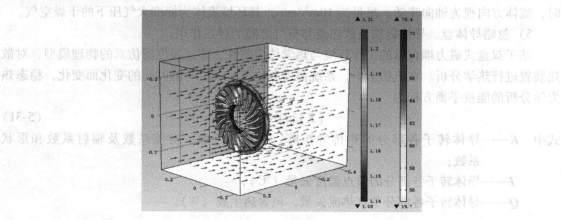

图5-25　流场分布图

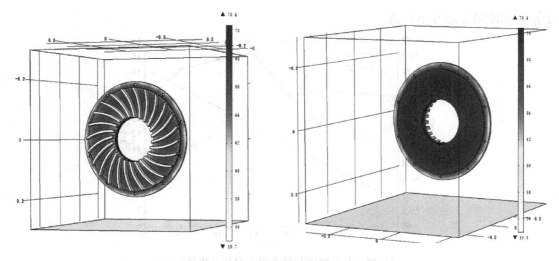

图 5-26　通道壁和散热装置表面温度场分布

由图 5-25、图 5-26 可以看出，所求解的区域内在轴向上温度是由铜转子一侧向散热装置一侧逐渐降低，径向上温升分布由中心向外扩散。系统的最高温度出现在铜转子的中心侧位置为 70.4℃，铜转子的最低温度出现在圆周边缘侧位置为 67.8℃；导体轭铁处的最高温度为 68℃，最低温度为 60.4℃；散热装置的最高温度出现在散热片基板上为 64.5℃，最低温度在散热片顶端位置为 54℃。

3. 结构参数的影响分析

基于以上对双盘式磁力耦合器风冷散热装置的 Comsol 仿真结果，为了尽量提高装置的散热效果，对前面散热装置的理论计算结果进行验证优化，进一步研究双盘式磁力耦合器运转时的最高温度与各结构参数之间的影响关系。取散热装置的基板厚度 t、散热片数量 n、散热片高度 H、散热片厚度 Γ、弧度特征值 E 作为变量，采用 Comsol 流固耦合仿真方法对磁力耦合器散热装置的热学特性做计算仿真，研究各个变量因素对散热装置的温升以及对整体质量的影响程度。在此基础上，以 Comsol 流固耦合仿真的结果内容为基础，结合其他实际的影响因素，如质量、工艺、成本等，对双盘式磁力耦合器散热装置的结构参数进行筛选并合理改进结构参数，以获得最佳的散热效果。

（1）散热装置基板厚度 t 的影响　保持双盘式磁力耦合器散热装置的其他结构参数不变，仅改变散热装置的基板厚度 t 这一参数。仿真计算 $t \in [6\text{mm}, 20\text{mm}]$，步长设置为 2mm 时散热装置的温升情况，同时计算不同基板厚度与散热装置总质量 M 的增长关系。其结果如图 5-27 所示。

从图 5-27 可以看出，散热装置基板厚度从 6mm 到 20mm 逐渐增大时，作为热源的导体转子上最高温度的整体幅度先升高后下降，但改变的幅度非常小，导体转子上的最高温度从 70.2℃上升到 71.4℃，随后下降至 70℃。原因在于散热装置基板厚度的增加，增大了其散热面积和热辐射面积，同时厚度的增加会使散热装置整体的热阻增大。另外，由于散热装置基板厚度的增加，散热装置的总质量呈线性递增趋势，并且整体增幅较大，从最小的7.60kg 增加到最大的 16.18kg。因此在该设定条件下，以增加散热装置基板厚度来降低铜转子最高温度的方法并不合适。

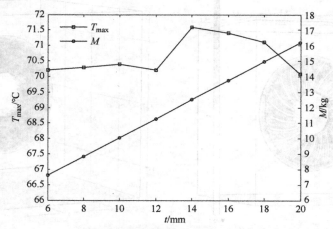

图 5-27 基板厚度与最高温度以及总质量的关系

（2）散热装置散热片数量 n 的影响　保持双盘式磁力耦合器散热装置的其他结构参数不变，仅改变散热装置散热片数量 n 这一参数。仿真计算 $n \in [8,36]$，步长设置为 4 时散热装置的温升情况，同时计算不同散热片数量与散热装置总质量 M 的增长关系。其结果如图 5-28 所示。

从图 5-28 可以看出，散热片数量 n 在 8 到 36 逐渐增大时，导体转子上的最高温度呈现出下降趋势，从最高的 75.4℃下降到 70.0℃，此时散热装置的温降效果较为显著。同时，由于散热装置散热片数量的增加，散热装置的总质量呈线性递增趋势，整体增幅较大，从最小的 7.43kg 增加到最大的 12.02kg。另外，考虑到散热片与基板是一个整体结构，改变散热片数量的同时也要考虑其加工难度和成本费用。

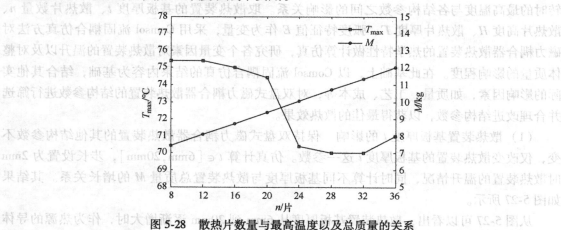

图 5-28 散热片数量与最高温度以及总质量的关系

（3）散热装置散热片高度 H 的影响　保持双盘式磁力耦合器散热装置的其他结构参数不变，仅改变散热装置散热片高度 H 这一参数。仿真计算 $H \in [16\text{mm},37\text{mm}]$，步长设置为 3mm 时散热装置的温升情况，同时计算不同高度与散热装置总质量 M 的增长关系。其结果如图 5-29 所示。

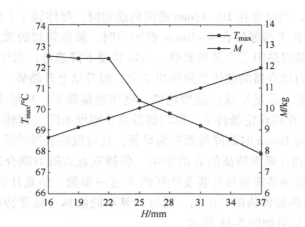

图 5-29   散热片高度与最高温度以及总质量的关系

从图 5-29 可以看出,散热片高度在 16mm 到 37mm 逐渐增大时,导体转子上的最高温度呈现出下降趋势,从最高的 72.5℃ 下降到 67.9℃,此时散热装置的温降效果较为显著。原因在于,增加散热片的高度,散热装置的散热面积和热辐射面积增大的效果要比散热装置热阻增大的效果更强,因此降温效果较为显著。同时,由于散热片高度的增加,散热装置的总质量呈线性递增趋势,但整体增幅较小,仅从最小的 8.64kg 增加到最大的 11.94kg。因此,在该设定条件下,以增加散热片高度来降低铜转子最高温度的方式是较为可行的,并且对模型的整体质量影响也较小。

(4)散热装置散热片厚度 Γ 的影响   保持双盘式磁力耦合器散热装置的其他结构参数不变,仅改变散热装置散热片厚度 Γ 这一参数。仿真计算 $\Gamma \in [4\mathrm{mm}, 18\mathrm{mm}]$,步长设置为 2mm 时散热装置的温升情况,同时计算不同散热片厚度与散热装置总质量 M 的增长关系。其结果如图 5-30 所示。

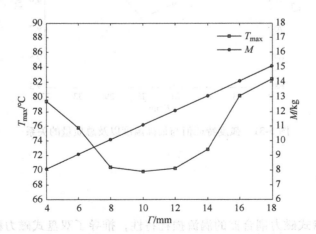

图 5-30   散热片厚度与最高温度以及总质量的关系

从图 5-30 可以看出,散热片厚度在 4mm 到 18mm 逐渐增大时,导体转子上的最高温度呈现先降低后升高的趋势,当厚度在 4~10mm 范围内变化时,导体转子上的最高温度从

79.4℃下降至69.8℃，当厚度在10~18mm范围内递增时，导体转子上的最高温度从69.8℃升高至82.4℃。原因在于当厚度在4~10mm范围内时，散热装置的散热面积和热辐射面积增大的效果要比散热装置热阻增大效果要强，所以呈现下降趋势；当厚度在10~18mm范围内递增时，双盘式磁力耦合器的整体热阻效果增大，温升呈上升趋势。同时，由于散热片厚度的增加，散热装置的总质量呈线性递增趋势，整体增幅较大，从最小的8.08kg增加到最大的15.08kg。因此，在该设定条件下，以增加散热片厚度来降低铜转子最高温度的方式是较为可行的，在厚度为10mm时温降效果最为显著，且对散热装置的质量影响最小。

（5）散热装置散热片弧度特征值 E 的影响　保持双盘式磁力耦合器散热装置的其他结构参数不变，仅改变散热装置散热片弧度特征值 E 这一参数。仿真计算 $E \in [9\text{mm}, 37\text{mm}]$，步长设置为4mm时散热装置的温升情况，同时计算不同散热片弧度特征值与散热装置总质量 M 的增长关系。其结果如图5-31所示。

从图5-31可以看出，特征值在9mm到37mm逐渐增大时，导体转子上的最高温度呈现先降低后升高的趋势，但整体波动幅度较小，当 E 在9~25mm范围内变化时，导体转子上的最高温度从72.0℃下降至70.4℃，当厚度在25~37mm范围内递增时，导体转子上的最高温度从70.4℃升高至71.9℃。原因在于相同内外径的散热片上，改变散热片弧度值会改变其散热面积，而面积的增大也会使整体热阻值升高。同时，由于散热片厚度的增加，散热装置的总质量呈线性递增趋势，整体增幅较小，从最初的9.90kg增加到最大的10.25kg。因此，在该设定条件下，通过改变散热片弧度来降低铜转子最高温度的方式的效果并不显著。

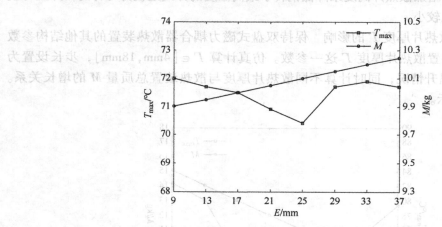

图5-31　弧度特征值与最高温度以及总质量的关系

5.5　本章小结

本章分析了双盘式磁力耦合器的涡流损耗特性，推导了双盘式磁力耦合器铜盘的总涡流损耗计算公式，模拟其三维温度场分布云图；基于Comsol仿真结果，优化了双盘式磁力耦合器散热片的结构参数，具体内容如下：

1）基于热力学理论，对双盘式磁力耦合器温度场的热力学参数进行理论计算，建立了双盘式磁力耦合器稳态温升的三维有限元模型，仿真后得出整体及各部件的温度分布，并根据大型带式输送机的实际工况，探讨了不同转速差下双盘式磁力耦合器的最高温度及永磁体温度变化曲线。

2）研究了双盘式磁力耦合器的风冷散热装置，介绍了散热片类型、肋片参数以及研究方法。运用 Matlab 进行了弧形散热片参数的最优化参数设计，得出双盘式磁力耦合器散热装置的优化尺寸参数。为了提高散热装置的效果，分析了散热装置的 5 个变量参数对双盘式磁力耦合器最高温度及整体质量的影响，得出各个变量与目标值的相关性及变化趋势。

第6章　双盘式磁力耦合器试验与特性分析

本章构建了双盘式磁力耦合器试验测试系统；结合大型带式输送机的实际工况，试验研究了其输出特性、传动特性、功率平衡特性以及散热特性。结果表明，双盘式磁力耦合器传递效率高、传动能力较强、多电动机驱动下功率平衡能力较强，为进一步将其应用于大型带式输送机提供了设计和试验依据。

6.1　试验台及其测试系统的构建

试验台由双盘式磁力耦合器、气隙调隙装置、变频调速三相异步电动机、转矩-转速传感器、联轴器、负载电机和控制台等组成。试验台采用手动和自动并存的操作方式，如图 6-1 所示。控制台如图 6-2 所示，试验台结构如图 6-3 所示。

图 6-1　试验台

图 6-2　控制台

1. 三相异步电动机/负载电机

三相异步电动机采用 380V 三相低速电动机。通过变频器控制电动机，本试验台额定功率为 45kW，最高转速为 3000r/min，建议转速范围为 0~2000r/min。

控制方式采用西门子 S7-200 系列 PLC 进行联锁控制，联锁程序可根据试验需求自由编辑、修改，控制系统稳定性好，系统的扩展性也得到提高。

2. 双盘式磁力耦合器

结合上章对双盘式磁力耦合器的结构参数仿真模拟，确定双盘式磁力耦合器的结构参数为：

1）铜盘外形尺寸内部直径为 154mm、外部直径为 378mm、厚度为 8.2mm，选用普通黄

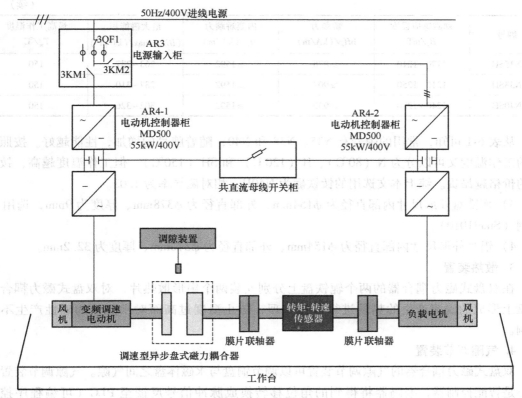

图 6-3　试验台结构

铜，相对磁导率为 0.999。

2）永磁体个数为 10 个，尺寸（长×宽）为 76mm×38mm、厚度为 32.2mm，由于双盘式磁力耦合器的材料参数对其输出性能影响很大，因此永磁体材料的选择十分重要。永磁体材料的选择要考虑各方面的因素，需要具有高的矫顽力 H_c 和高剩余磁感应强度 B_r；结合大型带式输送机的实际工况，要求双盘式磁力耦合器具有较好的稳定性，尤其要考虑永磁体材料的热稳定性，防止影响其传动性能。综合上述原因，选择钕铁硼作为永磁体材料，该材料是目前市场上磁性最强的永磁铁，也是最常用的稀土磁铁，产品性能见表 6-1。

表 6-1　钕铁硼产品性能表

牌号	剩磁感应强度 B_r/mT	矫顽力 $bH_c/(\mathrm{kA/m})$	内禀矫顽力 $iH_c/(\mathrm{kA/m})$	最大磁能积 $(BH)_{max}/(\mathrm{kJ/m^3})$	最高工作温度 $T_w/℃$
N35	1170~1210	≥868	≥955	263~287	80
N38	1210~1250	≥899	≥955	287~310	80
N40	1250~1280	≥923	≥955	318~342	80
N35H	1170~1210	≥868	≥1353	263~287	120
N38H	1210~1250	≥899	≥1353	287~310	120
N40H	1240~1280	≥923	≥1353	302~326	120

（续）

牌号	剩磁感应强度 B_r/mT	矫顽力 bH_c/(kA/m)	内禀矫顽力 iH_c/(kA/m)	最大磁能积 $(BH)_{max}$/(kJ/m³)	最高工作温度 T_w/℃
N35SH	1170~1210	≥876	≥1592	263~287	150
N38SH	1210~1250	≥907	≥1592	287~310	150
N40SH	1240~1280	≥939	≥1592	302~326	150

从表 6-1 可知，常用的牌号有 N35、N38 和 N40，随着牌号的增加，性能越好。按照允许的工作温度又可以分为 N（80℃）、H（120℃）和 SH（150℃），但工作温度越高，钕铁硼的价格越昂贵。综上本文选用的钕铁硼为 N40H，相对磁导率为 1.03。

3）轭铁盘外形尺寸内部直径为 ϕ154mm、外部直径为 ϕ378mm、厚度为 9mm，选用 10 号钢（Steel1010）。

4）铝盘外形尺寸内部直径为 ϕ154mm、外部直径为 ϕ378mm、厚度为 32.2mm。

3. 散热装置

在双盘式磁力耦合器的两个轭铁盘上分别安装两个扇形散热片，对双盘式磁力耦合器铜盘上形成的涡流产生的热量进行散热处理，防止温度过高而对永磁体的磁性产生不利影响。

4. 气隙调节装置

双盘式磁力耦合器的气隙调节装置可以调节铜盘与永磁体盘之间气隙。气隙调节装置的核心是智能控制器，编码器将得到的角位移转换成脉冲信号反馈至 PLC（可编程序控制器），形成一个闭环控制系统，能够精确控制双盘式磁力耦合器输出转速与输出转矩。通过改变铜盘和永磁体盘之间的气隙大小，可调节大型带式输送机的滚筒转速。

5. 转矩-转速传感器

转矩-转速传感器是一个可以同时测量转矩和转速的传感器，采用磁电转化、相位差原理和数字显示的转矩转速测量方法，因此可实现稳定、可靠、快速、灵敏的高精度测量。转矩-转速传感器测量带式输送机滚筒的转矩和转速，在显示屏上可以直接读出转矩和转速的数值，本试验台选用的是 JN338 型智能数字式转矩-转速传感器，转速量程为 0~4000r/min，转矩量程为 0~500N·m，准确度等级为 0.2 级。

6. 膜片联轴器

膜片联轴器由几组膜片用螺栓交错的与两半联轴器相连，可以通过膜片的弹性变形来补偿两个连接轴的弹性变形，是一种高性能的金属挠性联轴器，结构紧凑、强度高、寿命长、热稳定性好，适用于高温、高速旋转、工作环境恶劣的轴系传动中。

7. 红外温度测试装置

常用的温度传感器主要分为两种：接触式和非接触式。接触式热传感器是将感温元件和被测物体相接触，通过传导达到热平衡。这种方法一般测量精度较高，但对于运动体、小目标或者热容量小的被测目标则会产生较大的测量误差，常用的接触式温度传感器有热敏电阻和热电偶等。

本课题采用的工业级红外温度传感器属于非接触式温度传感器。由于双盘式磁力耦合器具有高速旋转以及温升变化迅速的工作状态，因此选择非接触式的红外温度传感器进行双盘式磁力耦合器各部件温度数值的检测。本课题以 45kW 双盘式磁力耦合器为试验对象，通过红外温度传感器测量关键位置的温度数值，进行验证性试验及深入扩展分析。试验台中设置了工业级红外温度传感器，其主要参数见表 6-2。

表 6-2　红外探头参数

项　目	参　数
探头长度	68mm
光学分辨力	20∶1（90%能量时）
测量范围	-20~800℃（分段可扩展）
响应时间	150ms/300ms（95%响应）
测量精度	测量值的±1%或±1.5%，取大值
重复精度	测量值的±0.5%或±1%，取大值

永磁涡流传动装置性能试验台人机交互界面如图 6-4 所示，它具有如下功能：可以设置驱动电动机的输入转速；可以设置负载电机的转矩；可以调节铜盘和永磁体盘的气隙大小；可以实时显示实际输入转速、输出转速、输入功率、输出功率、铜盘和永磁体盘的温度等；可以自动采集和手动采集试验数据，可将记录的数据导出成 Excel；可以在右上角显示输出转速和电动机电流随时间的变化。

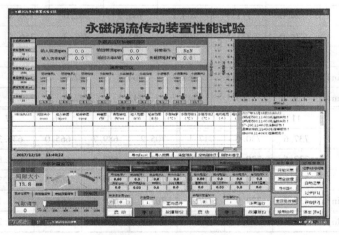

图 6-4　永磁涡流传动装置性能试验台人机交互界面

6.2　试验台的工作原理

当驱动电动机设置输入转速起动时，此时双盘式磁力耦合器的铜盘开始转动，而永磁体盘静止不动，使铜盘与永磁体盘之间产生转速差，根据楞次定律可知，永磁体盘随着铜盘一起同向转动。双盘式磁力耦合器的输出轴通过膜片联轴器与转矩-转速传感器连接，而转矩-转速传感器的另一端与负载电机连接，带动负载电机旋转。

当需要设置负载电机的负载转矩时，可以通过气隙调节装置，改变铜盘与永磁体盘的气隙，从而改变双盘式磁力耦合器输出转速与输出转矩。当双盘式磁力耦合器起动时，依靠步进电动机驱动器来改变气隙实现理想曲线起动。当双盘式磁力耦合器稳定运行时，通过改变气隙，实现输出转速的改变。

6.3 试验研究

6.3.1 输出转速测试

将双盘式磁力耦合器应用于带式输送机，带式输送机稳定运转的时候，气隙的选择范围十分重要。当气隙过大时，气隙间损耗功率增加，若气隙过小，会对安装精度要求很高，并且不利于双盘式磁力耦合器散热。

在永磁涡流传动试验台上，通过变频器控制负载电机，设置负载转矩为 200N·m，变频电动机的输入转速为 800r/min，使双盘式磁力耦合器的气隙调节范围为 3~19mm，分别记录不同气隙下双盘式磁力耦合器的输出转速，根据第 2 章中建立的双盘式磁力耦合器数学模型，得出不同气隙下的理论输出转速，对比两者见表 6-3。

表 6-3 不同气隙下输出转速的试验结果与理论结果对比

气隙/mm	3	4	5	6	7	8	9	10
输出转速 1/(r/min)	774.0	771.5	768.1	764.2	762.5	756.8	751.8	746.3
输出转速 2/(r/min)	774.0	771.5	768.3	764.4	762.3	756.8	751.5	746.3
输出转速 3/(r/min)	774.2	771.4	768.5	764.4	762.3	756.5	751.6	746.5
输出转速平均值/(r/min)	774.1	771.5	768.3	764.3	762.4	756.7	751.6	746.4
解析法输出转速/(r/min)	752.4	750.1	747.7	745.3	742.8	740.2	737.6	734.9
气隙/mm	11	12	13	14	15	16	17	18	19
输出转速 1/(r/min)	737.6	730.0	717.1	705.2	689.7	665.0	635.3	554.2	0
输出转速 2/(r/min)	737.6	730.0	716.8	705.2	689.5	665.0	634.8	553.3	0
输出转速 3/(r/min)	738.0	729.6	717.1	705.0	689.0	664.3	635.3	553.3	0
输出转速平均值/(r/min)	737.7	729.9	717.0	705.1	689.4	664.8	635.1	553.6	0
解析法输出转速/(r/min)	732.1	729.3	726.4	723.5	720.5	717.4	714.2	711.0	707.7

由表 6-3，根据所得试验数据，根据第 2 章中的双盘式磁力耦合器的磁场计算结果，做出图 6-5 所示曲线。

从图 6-5 可以看出，无论是试验转速还是模型转速，均随着气隙的增加，输出转速逐渐降低。随着气隙从 3mm 增加至 19mm 时，双盘式磁力耦合器的模型转速数值从 752.4r/min 降低到 707.7r/min，呈现缓慢降低趋势；随着气隙的增大，试验转速曲线的斜率越来越大，当气隙从 3mm 增加到 12mm 时，输出转速的降低量较少，数值从 774.1r/min 降低到 729.9r/min；当气隙从 13mm 线性增大到 18mm 时，试验转速从 717r/min 降低到 553.6r/min，当气隙在 19mm 时，试验转速为 0，即双盘式磁力耦合器无法带动负载转动，这是因为随着气隙的增

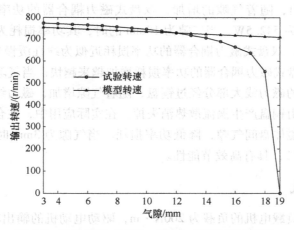

图 6-5　输出转速（试验、模型）随着气隙的变化

加，双盘式磁力耦合器的气隙漏磁增加，则输出转速降低。

　　将双盘式磁力耦合器的负载恒定为 200N·m，当气隙在 3mm 的时候，模型转速与试验转速相差 2.80%，当气隙为 16mm 时，模型转速与试验转速相差 7.91%，证明了数学模型的有效性，但还存在一些误差，主要由于：双盘式磁力耦合器安装误差（双盘式磁力耦合器铜盘和永磁体盘的平行度误差）和测量误差（转矩-转速传感器测量误差）；试验时，室内温度和铜盘涡流产生的热量对永磁体的影响；在进行理论计算时，假设永磁体磁力线是由永磁体盘垂直进入铜盘等 5 条假设，而实际永磁体的磁力线是圆弧线，随着气隙的增加，磁力线的泄漏会越来越多，在气隙很小时，磁力线可以假设为垂直射入铜盘，而随着气隙的增大，漏磁会越来越大，试验误差越来越大，气隙在 19mm 的时候，磁力耦合器会带动不了负载的转动。漏磁的等效折算系数应该随着气隙的增加而增加。在实际运用中，应该根据大型带式输送机的负载，合理选择双盘式磁力耦合器的气隙调速范围。

　　根据转矩-转速传感器的实时检测信息，得到双盘式磁力耦合器的功率损耗，得到如图 6-6 所示曲线。

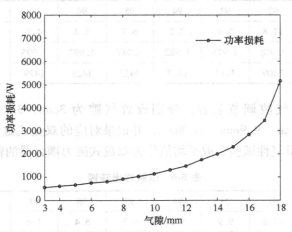

图 6-6　功率损耗随着气隙的变化

从图 6-6 可以看出，随着气隙的增加，双盘式磁力耦合器的功率损耗增加。当气隙为 3mm 时，其功率损耗为 542.5W，当气隙为 18mm 的时，其功率损耗为 5160.6W；当气隙由 3mm 增大到 12mm 时，双盘式磁力耦合器的功率损耗近似为线性缓慢增加；当气隙由 13mm 增大到 18mm 时，双盘式磁力耦合器的功率损耗增加越来越快；当气隙很小时，双盘式磁力耦合器永磁体盘产生的磁力线大部分经过铜盘，随着气隙增加，磁力线经过铜盘的数量越来越少，损耗功率主要由铜盘产生涡流散热消失掉。在实际应用中，在合理的气隙范围内，需要适当减小铜盘和永磁体盘间气隙，降低功率损耗。当气隙为 3mm 时，双盘式磁力耦合器的传递效率高达 96.8%，具有高效节能性。

6.3.2 软起动测试

利用变频器设置负载电机的负载为 200N·m，驱动电动机的输出转速为 1480r/min，模拟起动时间为 100s，带式输送机的稳定运行阶段的带速为 2m/s。为了使带式输送机的起动曲线符合 Harrison 曲线，根据第 2 章中得出的双盘式磁力耦合器数学模型，设置如表 6-4 中所示的时间、气隙、输送带带速、输出速度。

表 6-4 理论计算输出转速

时间/s	0	10	20	30	40	50	60	70	80	90	100
气隙/mm	152	150	145	137	125	110	90.4	67.2	41.3	16.0	3.0
输送带带速/(r/min)	0	0.04	0.19	0.41	0.69	1.00	1.30	1.58	1.80	1.95	2.00
输出速度/(r/min)	0	35.0	136	295	494	716	937	1137	1295	1397	1432

由表 6-4 可知，为达到理论曲线起动，双盘式磁力耦合器的气隙调节范围为 3 ~ 152.6mm。但由于试验条件的限制，由图 6-5 分析可知，随着气隙的增加，误差逐渐增加，本试验在当气隙大于 12mm 的情况下，理论计算转速与试验转速误差较大。因此本课题将对起动时间 92~100s 进行试验，通过理论计算得到表 6-5 所示的部分输出转速。

表 6-5 部分理论计算输出转速

时间/s	92	93	94	95	96	97	98	99	100
气隙/mm	11.8	9.9	8.2	6.7	5.4	4.4	3.6	3.2	3
输送带带速/(r/min)	1.968	1.975	1.982	1.987	1.992	1.995	1.998	1.999	2.000
输出速度/(r/min)	1409	1415	1419	1423	1426	1429	1431	1432	1432

通过变频器控制气隙调节装置，分别设置气隙为 3mm、3.2mm、3.6mm、4.4mm、5.4mm、6.7mm、8.2mm、9.9mm、11.8mm，并记录对应的双盘式磁力耦合器的输出转速。对每组气隙进行三组重复性试验，取平均值作为双盘式磁力耦合器的输出转速，见表 6-6。

表 6-6 试验输出转速

时间/s	92	93	94	95	96	97	98	99	100
气隙/mm	11.8	9.9	8.2	6.7	5.4	4.4	3.6	3.2	3
第一组试验转速/(r/min)	1410.5	1426.5	1436.8	1443.3	1447.7	1450.8	1452.1	1453.5	1455.4

（续）

第二组试验转速/(r/min)	1410.2	1426.3	1437.0	1443.3	1447.9	1450.8	1452.1	1453.1	1455.4
第三组试验转速/(r/min)	1410.2	1426.1	1436.5	1443.3	1447.7	1450.8	1452.1	1453.1	1455.2
平均试验转速/(r/min)	1410.3	1426.3	1436.8	1443.3	1447.8	1450.8	1452.1	1453.2	1455.3

通过 Ansoft Maxwell 有限元模拟仿真，分别仿真气隙为 3mm、3.2mm、3.6mm、4.4mm、5.4mm、6.7mm、8.2mm、9.9mm、11.8mm 时的双盘式磁力耦合器的输出转速，得到输出转速结果见表 6-7。

表 6-7　仿真输出转速

时间/s	92	93	94	95	96	97	98	99	100
气隙/mm	11.8	9.9	8.2	6.7	5.4	4.4	3.6	3.2	3
转速差/(r/min)	50	38	28.3	25.1	22.1	20	17.8	16.7	16.6
仿真结果/(r/min)	1430	1442.0	1451.7	1454.9	1457.9	1460	1462.2	1463.3	1463.4

联立表 6-5、表 6-6 和表 6-7 数据，绘制图 6-7 所示曲线。

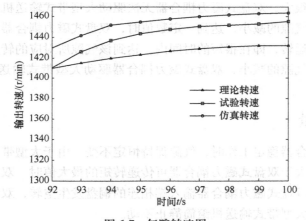

图 6-7　气隙转速图

如图 6-7 所示，为了使带式输送机按照 Harrison 曲线起动，依据带式输送机永磁涡流传动系统的数学模型计算出相应的气隙大小。利用 Ansoft Maxwell 进行有限元仿真并进行试验台试验，当时间为 100s 时，试验输出转速为 1455.3r/min，理论输出转速为 1432.4r/min，有限元仿真输出转速为 1463.5r/min，试验转速与理论转速数值上相差 1.6%，有限元仿真转速与理论转速数值上相差 2.2%，基本证明该数学模型的准确性。虽然基本准确，但仍然存在一些误差，主要是由于转矩-转速传感器测量误差、安装误差以及理论计算时，忽略了漏磁和端部效应等。

当双盘式磁力耦合器应用于大型带式输送机时，若气隙过大，会增加漏磁，降低传动效率；当以 Harrison 曲线起动时，起动初始阶段，随着时间变化调节气隙时，双盘式磁力耦合器的输入端（铜盘）会空转，当气隙逐渐减小时，漏磁也减少，达到一定气隙的时候，双盘式磁力耦合器才能带动负载转动，如图 6-8 所示。

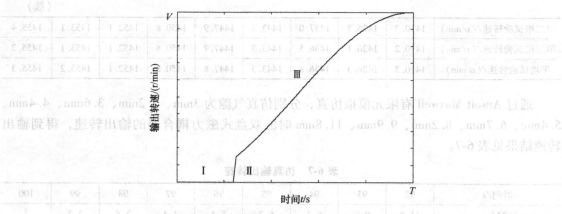

图 6-8 双盘式磁力耦合器实际输出转速

从图 6-8 可以看出，将双盘式磁力耦合器应用于大型带式输送机上，模拟 Harrison 曲线起动时，实际上的起动过程可以分成 3 个阶段：

第 I 阶段，当气隙从理论最大位置逐渐减小时，随着气隙的减小，由于气隙过大，铜盘和永磁体盘之间漏磁很大，双盘式磁力耦合器无法驱动大型带式输送机滚筒。

第 II 阶段：随着气隙的减小，达到一定数值时，双盘式磁力耦合器传递的转矩可驱动大型带式输送机的滚筒运转，即在很短的时间内，达到该气隙所对应的转速。

第 III 阶段：随着气隙的减小，双盘式磁力耦合器驱动大型带式输送机按照理论 Harrison 曲线起动。

6.3.3 滑脱点测量

当双盘式磁力耦合器稳定工作时，气隙保持恒定不变。由于大型带式输送机牵引构件的特殊性，当运行负载大于双盘式磁力耦合器可传递转矩的最大值时，双盘式磁力耦合器会发生滑脱，即电动机与双盘式磁力耦合器输入端相连的铜盘发生空转，双盘式磁力耦合器输出端的永磁体盘相连的大型带式输送机滚筒静止不动。

通过变频器控制气隙调节装置，分别测试永磁体盘和铜盘的气隙为 10mm、15mm、20mm 和 25mm 时的滑脱点。控制驱动电动机的输入转速保持恒为 800r/min，采用变频器控制负载电机来模拟大型带式输送机，由于试验条件的限制，在 25~275N·m 范围内负载转矩线性增加，为了降低误差，每组试验做 3 次，取输出转速平均值，得到表 6-8。

表 6-8 不同气隙下对应的输出转速 （单位：r/min）

气隙/mm	负载转矩/N·m										
	25	50	75	100	125	150	175	200	225	250	275
10	791.9	784.2	777.3	770.0	763.2	756.1	748.9	741.3	732.9	724.6	714.0
15	786.7	775.6	764.2	752.7	740.6	727.5	712.7	695.7	675.2	646.9	597.6
20	778.1	758.1	737.4	714.3	686.0	0	0	0	0	0	0
25	761.5	723.9	676.8	587.9	0	0	0	0	0	0	0

通过表 6-8 所得的试验数据，绘制如图 6-9 所示的分别在气隙为 10mm、15mm、20mm 和 25mm 时，双盘式磁力耦合器输出转速随着负载转矩的变化曲线。

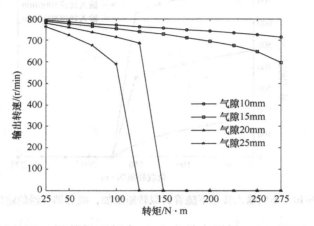

图 6-9　不同气隙下随着转矩增加，磁力耦合器的输出转速

从图 6-9 可以看出，当气隙为 10mm 和 15mm 时，负载转矩达到最大 275N·m 的时，输出转速分别为 714.0r/min 和 597.6r/min；当气隙为 20mm 时，负载转矩达到 150N·m 时，输出转速为 0，即磁力耦合器不足以驱动负载；当气隙为 25mm 时，负载转矩为 125N·m，输出转速为 0。分析可知，当负载转矩恒定时，随着气隙的增加，滑脱点随着气隙的增加，滑脱点的位置前移。

在气隙恒为 20mm 的情况下，调节输入转速，测量双盘式磁力耦合器的滑脱点，为了降低误差，每组试验做 3 次，取平均值，得到见表 6-9。

表 6-9　不同输入转速对应的输出转速（r/min）

输入转速/(r/min)	负载转矩/N·m										
	25	50	75	100	125	150	175	200	225	250	275
200	180.1	160.9	141.1	118.9	93.1	54.8	0	0	0	0	0
500	480.1	459.8	439.8	418.0	392.6	357.5	0	0	0	0	0
800	779.2	757.4	736.3	713.8	685.5	648.1	0	0	0	0	0

通过表 6-9 所得的试验数据，绘制出如图 6-10 所示曲线，表示的是分别在输入转速为 200r/min、500r/min 和 800r/min 情况下，双盘式磁力耦合器的输出转速随着负载转矩的变化情况。

从图 6-10 可以看出，当输入转速分别为 200r/min、500r/min 和 800r/min 时，当负载转矩为 175N·m 的时候，输出转速均为 0。由此可知，输入转速对滑脱点的影响并不是很大，当双盘式磁力耦合器应用于大型带式输送机时，为了提高承载能力，可以适当减小气隙。

6.3.4　起动瞬时电动机电流对电网的影响

通过变频器给驱动电动机设置输入转速为 500r/min，双盘式磁力耦合器的工作气隙为通过表6-8所示的仿真数据，绘制如图6-9所示的励磁电阻在气隙为10mm、15mm、20mm和25mm时，双盘式磁力耦合器的输出转速随负载转矩的变化曲线。

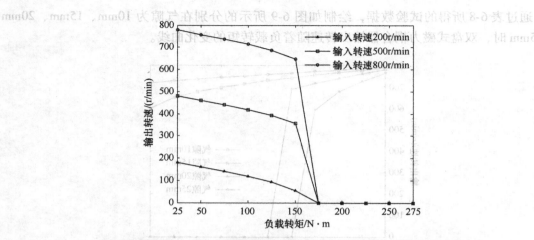

图6-10 不同输入转速下随着负载转矩增加，磁力耦合器的输出转速

10mm，负载转矩为200N·m，设置步长为0.1s自动记录数据，记录起动瞬时电流大小，绘制出如图6-11所示的电流变化曲线。

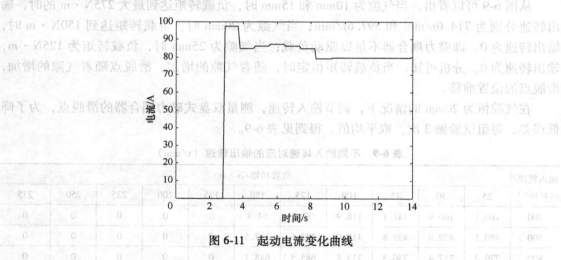

图6-11 起动电流变化曲线

从图6-11可以看出：起动时，最大电流为97.4A，是正常工作电流（79.5A）的1.2倍，则双盘式磁力耦合器带动负载起动时，可以起到保护电网，降低峰值的效果。当双盘式磁力耦合器带动负载起动时，分为两个阶段：

第一阶段：驱动电动机带动铜盘转动，产生的转矩小于负载转矩，则双盘式磁力耦合器铜盘空转，相当于空载起动。

第二阶段：随着双盘式磁力耦合器产生的转矩大于负载转矩，就可以带动永磁体转动。双盘式磁力耦合器起动的整个过程，相当于"延时起动"，可有效降低对电网的冲击，当应用于大型带式输送机时，具有无可比拟的优势。

6.3.5 多电动机功率平衡的试验验证

当大型带式输送机工作时，会采用多个电动机共同驱动。从上文分析可知，某一个电动机的输出功率（转矩）过大（小），可以通过调节双盘式磁力耦合器的工作气隙，使铜盘和永磁体盘的工作气隙减小（增加），使该电动机的输出功率增加（减小）。

　　双盘式磁力耦合器的输出转速保持不变时，可通过负载转矩变化代替功率变化。通过变频器控制电动机输入转速分别设置为 400r/min、600r/min 和 800r/min，依次调节气隙为 6mm、8mm、10mm、12mm 和 14mm，测得对应的输出转矩，见表 6-10。

表 6-10　不同气隙下双盘式磁力耦合器的输出转矩（N·m）

输入转速/(r/min)	气隙/mm				
	6	8	10	12	14
400	280	230	200	153	125
600	275	235	200	163	131
800	270	227	200	158	127

　　通过表 6-10 的输出转矩实验数据可知，当输入转速为 400r/min 时，输出转速为 342.4r/min；当输入转速为 600r/min 时，输出转速为 543.5r/min；当输入转速为 800r/min 时，输出转速为 743.8r/min；由此可依次计算出对应的功率大小，见表 6-11。当负载转矩分别为 200N·m时，当气隙均为 10mm 时，双盘式磁力耦合器的输入转速分别设置为 400r/min、600r/min 和 800r/min 时，对应的转速差分别为 57.6r/min、56.5r/min 和 56.2r/min，可知当负载转矩和气隙相同时，输入转速的大小对转速差的影响不大。

　　通过表 6-11 所得的试验数据，绘制出输入转速分别设置为 400r/min、600r/min 和 800r/min时，依次增大铜盘和永磁体之间的气隙，双盘式磁力耦合器的功率变化情况，如图 6-12 所示。

表 6-11　不同气隙下磁力耦合器的输出功率（kW）

输入转速/(r/min)	气隙/mm				
	6	8	10	12	14
400	10040.8	8155.8	7172	5486.6	4482.5
600	15653	13376.2	11384	9278.0	7456.5
800	21033	17683.3	15580	12308.2	9893.3

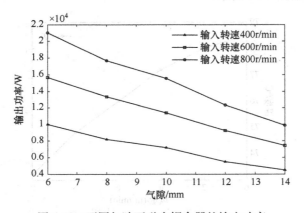

图 6-12　不同气隙下磁力耦合器的输出功率

从图 6-12 可知，当输入转速和输出转速保持不变的时候，随着气隙的增大（减小），双盘式磁力耦合器的输出功率减小（增大）。当输入转速为 400r/min，气隙为 6mm 时，输出功率为 10040.8W；当气隙增大到 14mm 时，输出功率降低为 4482.5W；当输入转速为 600r/min，气隙为 6mm 时，输出功率为 15653.0W；当气隙增大到 14mm 时，输出功率降低为 7456.5W；当输入转速为 800r/min 的时，气隙为 6mm 时，输出功率为 21033.0W；当气隙增大到 14mm 时，输出功率降低为 9893.3W。由此可知：不同输入转速下，均可以通过调节气隙实现功率平衡。

当大型带式输送机采用双盘式磁力耦合器多电动机驱动时，某一台电动机功率偏大（偏小）时，可以通过增大（减小）铜盘和永磁体盘之间的气隙，实现功率平衡。

6.3.6　风冷散热测试

在试验室模拟大型带式输送机的工况，设置输入转速为 1000r/min、气隙为 10mm、转速差为 60r/min、环境温度为 20℃的条件下，绘制散热盘处的表面温升曲线。由图 6-13 可以看出，随着双盘式磁力耦合器工作时间的增加，散热盘温度不断升高，并在 25min 左右达到稳定，为 78.8℃。

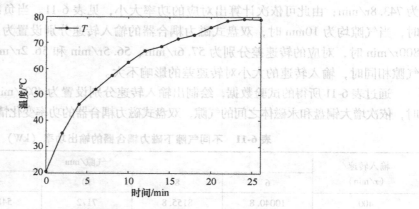

图 6-13　散热盘表面温度随时间变化曲线

在温升试验中，将散热装置设置成不同风量的轴向风机加强冷却方式，散热盘表面温度随轴向风量变化曲线如图 6-14 所示。

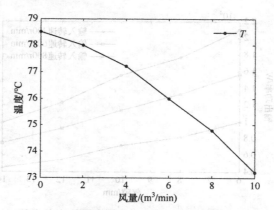

图 6-14　散热盘表面温度随轴向风量变化曲线

由图 6-14 可看出，在相同工况且无轴向加强风机情况下，散热盘处温度为 78.8℃。随着风机风量的不断增大，散热盘处的温度呈现出不断下降的趋势，当轴向风量达到 10m³/min 时，散热盘温度为 73.2℃。

根据风冷散热装置的 Comsol 分析结果，在相同工况及轴向风量下，双盘式磁力耦合器的导体盘、散热盘处的实测值与仿真值对比见表 6-12。与实测结果相比，实测值大于仿真值，两者存在一定的偏差。偏差的主要原因是仿真过程中为了简化计算，将铜盘视为唯一的热源，而忽略了双盘式磁力耦合器其他部件如轭铁盘以及双盘的连接臂等部件因涡流效应而产生的热量，从而使整体的实测温度均比仿真得到的温度数据要高。

表 6-12　不同位置实测值与仿真值比较

数 值 类 别	导 体 盘	散 热 盘
实测值/℃	78	73.2
仿真值/℃	70.4	64.5
误差值/℃	7.6	8.7

图 6-15 所示为双盘式磁力耦合器选择径向强化散热时，散热盘表面温度随风量的变化曲线。由图 6-15 可以看出，双盘式磁力耦合器在相同工况下，随着风量不断增大，温度呈现出逐渐下降的趋势；当风量达到 10m³/min 时，散热盘最大温度达到 71.3℃。结合图 6-14，可知在相同工况下径向的加强风比轴向的降温效果更为显著，原因主要为相同工况下，径向较轴向的空间布置更利于气体的流通，因此散热效果更为显著。

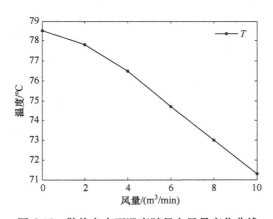

图 6-15　散热盘表面温度随径向风量变化曲线

6.4　本章小结

本章利用永磁涡流传动试验台进行试验研究，模拟大型带式输送机的实际工况，对双盘式磁力耦合器的工作性能进行研究，具体结论如下：

1）模拟大型带式输送机的实际工况，使其按照 Harrison 曲线起动，测试并得到试验输出转速曲线；并与第 2 章提出的大型带式输送机永磁涡流传动模型的理论输出转速曲线比较，两者曲线形态大致相同，数值较为接近，基本验证了理论模型的正确性。

2）测试了双盘式磁力耦合器的滑脱点。试验结果显示滑脱点随着气隙增加，滑脱点前移，而输入转速对双盘式磁力耦合器的滑脱点影响较小。

3）测试了双盘式磁力耦合器的起动电流，得到起动瞬时最大工作电流的峰值仅为正常工作电流的 1.2 倍，大大减小了起动瞬时最大工作电流的峰值，小于使用传统传动装置的起动电流，说明大型带式输送机采用双盘式磁力耦合器传动，可以保护电网。

4）对大型带式输送机永磁涡流传动装置在多电动机功率平衡上的应用进行试验验证，试验结果表明可以改变铜盘和永磁体的气隙，实现功率平衡。

5）利用工业级红外温度传感器进行温度测量，对双盘式磁力耦合器的各部件在不同工况下的温升特性进行了研究分析。试验结果表明：随着轴向风量的不断加大，散热片表面温度不断降低，当风量达到 10m³/min 时，散热盘温度为 73.2℃，双盘式磁力耦合器可以正常高效工作。同时，在相同工况下径向的加强风较轴向的降温效果更为显著。

第 7 章 新型复合式磁力耦合器设计与三维度漏磁损耗计算方法

为了克服现有磁力耦合器的不足，以现有筒式和盘式磁力耦合器的结构特点、工作特性为基础，结合永磁涡流传动原理，提出一种新型复合式磁力耦合器。由于该复合式磁力耦合器同时从轴向/径向充磁，与普通磁力耦合器相比，磁场分布较为复杂。复合式磁力耦合器空载时漏磁系数的大小不仅标志着永磁材料的利用程度，而且对复合式磁力耦合器中永磁材料抗去磁能力及复合式磁力耦合器的工作特性也有比较大的影响，因此，必须确定复合式磁力耦合器的漏磁系数。

为避免在复合式磁力耦合器的初始设计及优化设计中，使用三维有限元（3D-FEM）方法计算漏磁系数时耗费较多的建模计算时间，因此，建立复合式磁力耦合器的等效磁路网络模型。本章应用化"场"为"路"法，建立复合式磁力耦合器空载时的等效磁路，分析并计算复合式磁力耦合器的气隙漏磁系数，利用三维有限元法验证该等效磁路的正确性与气隙漏磁系数的精确性，最后将在第 11 章中进行试验验证。

7.1 复合式磁力耦合器的新型设计

7.1.1 复合式磁力耦合器设计方法

结合现有磁力耦合器的结构特征，提出一种复合式磁力耦合器，其永磁体在径向和轴向同时充磁，铜导体在径向和端面同时切割磁力线，增加电磁阻尼，可在同等体积或尺寸的条件下，大幅提高传动功率，且在传递功率一定时，可缩小耦合器体积和尺寸，减少占用空间。

以复合式磁力耦合器为对象，以永磁耦合传动建模为主线，以综合提高对象的高效性、可靠性、节能性三个关键性质量为目标，综合分析现有筒式和盘式磁力耦合器的结构特点、工作特性，针对煤矿井下特殊环境，建立复合式磁力耦合器传动模型，形成复合式磁力耦合器的设计方法，如图 7-1 所示，对复合式磁力耦合器产品研发具有重要指导意义。

7.1.2 复合式磁力耦合器结构设计

复合式磁力耦合器的结构示意如图 1-3 所示，它由一个双盘式磁力耦合器和一个同心轴式磁力耦合器复合而成，其主动转子为轴向铜导体盘和铜导体环，主动转子上开槽嵌入铜导体，其铜导体内外环用薄环形铜层包起来，形成封闭的感应电流回路。其永磁转子（开槽铝盘）上布置有永磁体，轴向磁化且紧密相间排列。复合式磁力耦合器主动转子（铜导体

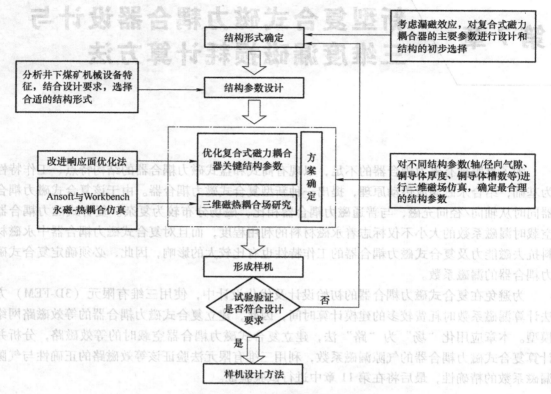

图 7-1 复合式磁力耦合器设计方法

盘和铜导体环）与从动转子（永磁转子）不接触，可避免振动的干扰，减少传动部件的损耗，主动转子（铜导体盘和铜导体环）与从动转子（永磁转子）通过气隙磁场相互作用实现输出转矩的传递，并且由于复合式磁力耦合器可以同时实现轴/径向气隙磁场感应，因此在相同体积尺寸条件下，增大了输出转矩。

7.1.3 复合式磁力耦合器的工作原理

静止时，由于轭铁的导磁特性，永磁体必然对两侧的轭铁产生轴向吸引力，以及对径向轭铁环产生径向吸引力。然而铝盘和铜盘磁导率近似等于空气的磁导率，使得其内部的轴向力与径向力大幅度减小，故永磁体所在的转子不会转动。

当铜导体盘（环）随输入电动机旋转时，铜导体盘（环）与开槽铝盘之间产生相对运动，且铜导体盘（环）的转速与开槽铝盘的转速之间存在转速差，通过铜导体盘（环）的磁通量每时每刻均产生变化，变化的磁场在铜导体盘（环）上产生涡流，涡流产生的感应磁场与永磁体产生的磁场之间相互作用。由于转速差产生的磁力驱动开槽铝盘随着铜导体盘（环）同向旋转，将动力经输出轴传递到负载，从而驱动负载做功。

永磁体所在的铝盘和导体盘的几何尺寸，两者之间的气隙大小，永磁体的磁性大小，磁极数及永磁体充磁方向厚度等因素，对输出转矩均有影响。同时，复合式磁力耦合器具有明显的软起动特性和过载保护能力。

　　该复合式磁力耦合器的磁场路径如图 7-2 所示，图中表示出了轴向主磁路 1、径向主磁路 2、永磁体极间漏磁回路、复合漏磁回路。

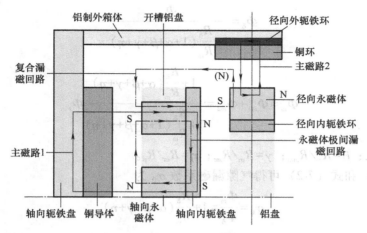

图 7-2　复合式磁力耦合器磁场路径示意

7.2　复合式磁力耦合器三维度漏磁损耗计算方法

7.2.1　空载等效磁路网络模型

　　在图 7-3 中：Φ_r 为每极永磁体虚拟内禀磁通（Wb）；Φ_m 为每极永磁体向外提供的总等效磁通（Wb）；Φ_{m1} 为轴向每极永磁体向外提供的等效磁通（Wb）；Φ_{m2} 为径向每极永磁体向外提供的等效磁通势（Wb），由于本文将轴、径向永磁体的极化方向长度设置为相等，因此可近似认为 $\Phi_{m1} = \Phi_{m2}$；Φ_δ 为每极永磁体气隙等效主磁通（Wb）；R_δ 为每极永磁体气隙磁阻（H^{-1}）；R_σ 为复合漏磁回路磁阻（H^{-1}），由于本文中，轴、径向采用相同的永磁体，则轴、径向永磁体磁阻相同，故设 R_m 为每极永磁体自身磁阻（H^{-1}）；R_p 为永磁体边缘对转子的漏磁磁阻（H^{-1}）；R_{mm} 为永磁体极间漏磁磁路磁阻（H^{-1}）；R_{mr} 为永磁体周向漏磁磁路磁阻（H^{-1}）。

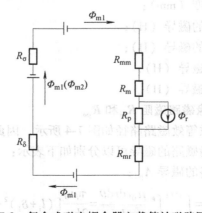

图 7-3　复合式磁力耦合器空载等效磁路网络

基于图 7-3 所示的空载等效网络图，可以求得每极气隙主磁通 Φ_δ 与每极永磁体向外提供的总等效磁通 Φ_m，即

$$\Phi_\delta = \frac{\Phi_\mathrm{r}}{1 + \dfrac{R_\delta}{R_\mathrm{m}}(1+\alpha+\beta+\gamma+\eta)} \tag{7-1}$$

$$\Phi_\mathrm{m} = \Phi_\mathrm{m1} + \Phi_\mathrm{m2} = \frac{1 + \dfrac{R_\delta}{R_\mathrm{m}}(\alpha+\beta+\gamma+\eta)}{1 + \dfrac{R_\delta}{R_\mathrm{m}}(1+\alpha+\beta+\gamma+\eta)}\Phi_\mathrm{r} \tag{7-2}$$

式中，$\alpha = R_\mathrm{m}/R_\sigma$；$\beta = R_\mathrm{m}/R_\mathrm{mm}$；$\gamma = R_\mathrm{m}/R_\mathrm{mr}$；$\eta = R_\mathrm{m}/R_\mathrm{p}$。

由式（7-1）和式（7-2）可得气隙漏磁系数 σ_0 为

$$\sigma_0 = \frac{\Phi_\mathrm{m}}{\Phi_\delta} = 1 + \frac{R_\delta}{R_\mathrm{m}}(\alpha+\beta+\gamma+\eta) \tag{7-3}$$

7.2.2 各部分磁阻分析计算

1. 永磁体自身磁阻 R_m 及气隙磁阻 R_δ

从式（7-3）中可以得知，复合式磁力耦合器的漏磁系数取决于各部分磁阻的大小。一般地，永磁体自身磁阻和气隙磁阻可以表示为

$$R_\mathrm{m} = \frac{1}{\Lambda_\mathrm{m1}} = \frac{1}{\Lambda_\mathrm{m2}} = \frac{h}{\mu_0\mu_\mathrm{r}S_\mathrm{pm}} \tag{7-4}$$

$$R_\delta = \frac{1}{\Lambda_{\delta1}} + \frac{1}{\Lambda_{\delta2}} = \frac{2\delta_1}{\mu_0 S_\mathrm{pm}} + \frac{\delta_2}{\mu_0 S_\mathrm{pm}} \tag{7-5}$$

式中　　　h——永磁体的极化方向长度（mm）；

S_pm——永磁体的正对面积（mm^2）；

$\mu_0 = 4\pi \times 10^{-7}$——空气磁导率（H/m）；

μ_r——永磁体的相对磁导率（H/m）；

δ_1——轴向气隙长度（mm）；

δ_2——径向气隙长度（mm）；

Λ_m1——轴向永磁体的磁导（H）；

Λ_m2——径向永磁体的磁导（H）；

$\Lambda_{\delta1}$——轴向气隙的磁导（H）；

$\Lambda_{\delta2}$——径向气隙的磁导（H）。

2. 每极永磁体内、外边缘磁路磁阻 R_pi 和 R_po

永磁体内、外边缘的漏磁等效磁路路径如图 7-4 所示，因此，轴向永磁体内边缘漏磁路的磁导与径向永磁体内边缘漏磁路的磁导可以分别如下表示：

轴向永磁体内边缘漏磁路的磁导 Λ_pri：

$$\Lambda_\mathrm{pri} = \int_{l_\mathrm{i}}^{l_\mathrm{i}+\delta_1} \int_0^{\frac{\pi}{p}} \frac{\mu_0 r \mathrm{d}r\mathrm{d}\theta}{h} = \frac{\pi\mu_0}{2hp_1}\left[(l_\mathrm{i}+\delta_1)^2 - l_\mathrm{i}^2\right] \tag{7-6}$$

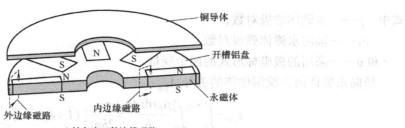

a) 轴向内、外边缘磁路

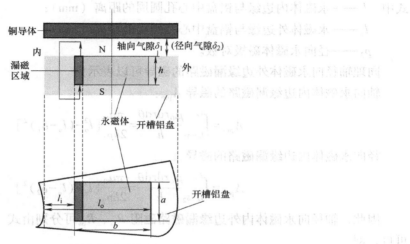

b) 轴向内、外边缘磁路

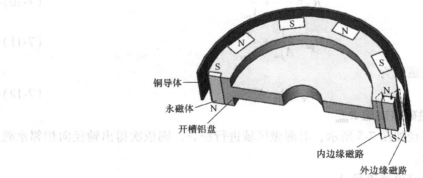

c) 径向内、外边缘磁路

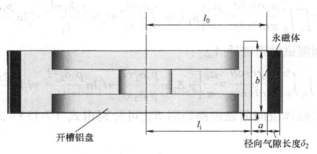

d) 径向内、外边缘磁路

图 7-4　永磁体内、外边缘漏磁磁阻计算

式中 p——永磁体磁极对数；

$\quad\quad p_1$——轴向永磁体磁极对数；

r 和 θ——采用的极坐标形式的两个变量。

径向永磁体内边缘漏磁路的磁导 Λ_{pai}：

$$\Lambda_{pai} = \int_{l_i}^{l_i+\delta_2} \int_0^{\frac{\pi}{p}} \frac{\mu_0 r dr d\theta}{h} = \frac{\pi\mu_0}{2hp_2} \left[(l_i+\delta_2)^2 - l_i^2 \right] \tag{7-7}$$

式中 l_i——永磁体内边缘与铝盘中心孔圆周的距离（mm）；

$\quad\quad l_o$——永磁体外边缘与铝盘中心孔圆周的距离（mm）；

$\quad\quad p_2$——径向永磁体磁极对数。

同理轴径向永磁体外边缘漏磁路的磁导可以表示为

轴向永磁体内边缘漏磁路的磁导 Λ_{pro}：

$$\Lambda_{pro} = \int_{l_o-\delta_1}^{l_o} \frac{\mu_0 r dr d\theta}{h} = \frac{\pi\mu_0}{2hp_1} \left[l_o^2 - (l_o-\delta_1)^2 \right] \tag{7-8}$$

径向永磁体内边缘漏磁路的磁导 Λ_{pao}：

$$\Lambda_{pao} = \int_{l_o-\delta_2}^{l_o} \frac{\mu_0 r dr d\theta}{h} = \frac{\pi\mu_0}{2hp_2} \left[l_o^2 - (l_o-\delta_2)^2 \right] \tag{7-9}$$

因此，轴径向永磁体内外边缘漏磁路磁阻 R_{pi}、R_{po} 可分别由式（7-8）~式（7-9）求倒数可得，即

$$R_{pi} = \frac{1}{\Lambda_{pri}} + \frac{2}{\Lambda_{pai}} \tag{7-10}$$

$$R_{po} = \frac{1}{\Lambda_{pro}} + \frac{2}{\Lambda_{pao}} \tag{7-11}$$

则永磁体边缘漏磁磁阻为

$$R_p = R_{pi} + R_{po} \tag{7-12}$$

3. 永磁体极间漏磁磁路磁阻 R_{mm}

永磁体极间漏磁磁路径如图 7-5 所示，对漏磁区域进行积分，则依次得出轴径向相邻永磁体极间漏磁导如下表示：

轴向永磁体极间漏磁磁路磁导 Λ_{mm1}：

$$\Lambda_{mm1} = \int_{l_i}^{l_o} \int_0^{\frac{\delta_1}{r}} \frac{\mu_0 r dr d\theta}{\pi r\theta + r/p} = \frac{\mu_0}{\pi} \left[p_1\delta_1 \ln\frac{p_1\delta_1+l_o}{p_1\delta_1+l_i} + l_o\ln\frac{p_1\delta_1+l_o}{l_o} + l_i\ln\frac{p_1\delta_1+l_i}{l_i} \right] \tag{7-13}$$

径向永磁体极间漏磁磁路磁导 Λ_{mm2}：

$$\Lambda_{mm2} = \int_{l_i}^{l_o} \int_0^{\frac{\delta_2}{r}} \frac{\mu_0 r dr d\theta}{\pi r\theta + r/p} = \frac{\mu_0}{\pi} \left[p_2\delta_2 \ln\frac{p_2\delta_2+l_o}{p_2\delta_2+l_i} + l_o\ln\frac{p_2\delta_2+l_o}{l_o} + l_i\ln\frac{p_2\delta_2+l_i}{l_i} \right] \tag{7-14}$$

因此，轴径向永磁体极间漏磁磁路磁阻 R_{mm} 可分别由式（7-13）~式（7-14）求倒数得到，即

$$R_{mm} = \frac{2}{\Lambda_{mm1}} + \frac{1}{\Lambda_{mm2}} \tag{7-15}$$

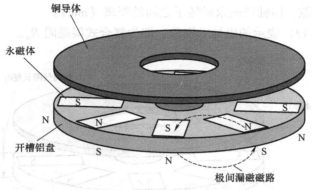

a) 轴向极间漏磁磁路

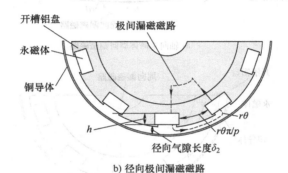

b) 径向极间漏磁磁路

图 7-5　永磁体极间漏磁路径计算

4. 永磁体周向漏磁磁路磁阻 R_{mr}

永磁体周向漏磁路径如图 7-6 所示，对漏磁区域进行积分，则依次得出轴径向相邻永磁体周向漏磁导为

轴向永磁体周向漏磁磁路磁导 Λ_{mr1}：

$$\Lambda_{mr1} = \int_{l_i}^{l_o} \int_0^{\frac{\delta_1}{r}} \frac{\mu_0 r dr d\theta}{\pi r\theta + h} = \frac{\mu_0}{\pi} \ln \frac{\pi \delta_1 + h}{h} \tag{7-16}$$

径向永磁体周向漏磁磁路磁导 Λ_{mr2}：

$$\Lambda_{mr2} = \int_{l_i}^{l_o} \int_0^{\frac{\delta_2}{r}} \frac{\mu_0 r dr d\theta}{\pi r\theta + h} = \frac{\mu_0}{\pi} \ln \frac{\pi \delta_2 + h}{h} \tag{7-17}$$

因此，轴径向永磁体周向漏磁磁路磁阻 R_{mr} 可分别由式（7-16）~式（7-17）求倒数得到，即

$$R_{mr} = \frac{2}{\Lambda_{mr1}} + \frac{1}{\Lambda_{mr2}} \tag{7-18}$$

5. 复合漏磁回路磁阻 R_σ

复合漏磁路径如图 7-7 所示，对漏磁区域进行积分，则可得出复合漏磁导 Λ_σ 为

$$\Lambda_\sigma = \int_{l_i}^{l_o} \int_0^{\frac{l_h}{r}} \frac{\mu_0 r dr d\theta}{\pi r\theta + \frac{\pi r}{p_1}} = \frac{\mu_0}{\pi} \left[l_h \ln \frac{p_1 l_h + l_o}{p_1 l_h + l_i} + l_o \ln \frac{p_1 l_h + l_o}{l_o} + l_i \ln \frac{p_1 l_h + l_i}{l_i} \right] \tag{7-19}$$

式中 l_h——复合气隙，即轴径向永磁转子之间的距离（mm）。

同样，将式（7-19）表示的磁导求倒数，即为复合式漏磁阻 R_σ。

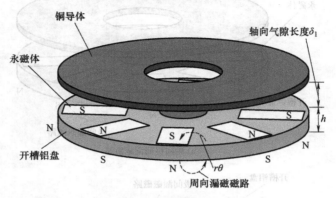

a）轴向永磁体周向漏磁磁路

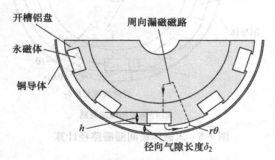

b）径向永磁体周向漏磁磁路

图 7-6 永磁体周向漏磁路径计算

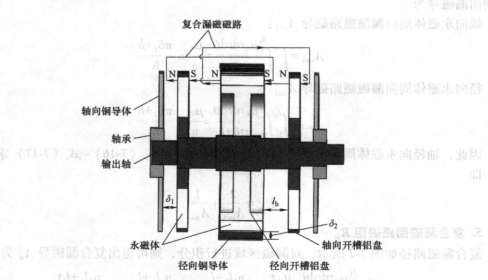

图 7-7 复合漏磁路径计算示意

6. 漏磁系数

将上一节计算出的各磁阻值代入 α、β、γ、η，可分别求出该量，即

$$\alpha = \frac{h}{\pi\mu_r S_{pm}}\left[l_h \ln\frac{p_1 l_h + l_o}{p_1 l_h + l_i} + l_o \ln\frac{p_1 l_h + l_o}{l_o} + l_i \ln\frac{p_1 l_h + l_i}{l_i}\right] \tag{7-20}$$

$$\beta = \frac{h}{\mu_r S_{pm}}\frac{\pi\left[(l_i+\delta_1)^2 - l_i^2\right]\left[(l_i+\delta_2)^2 - l_i^2\right]}{2hp_1p_2\left[(l_i+\delta_2)^2 - l_i^2\right] + 2hp_1p_2\left[(l_i+\delta_1)^2 - l_i^2\right]} \tag{7-21}$$

$$\gamma = \frac{\mu_0 h \ln\dfrac{\pi\delta_1 + h}{h}\ln\dfrac{\pi\delta_2 + h}{h}}{\mu_r S_{pm}\left(2\pi\ln\dfrac{\pi\delta_2 + h}{h} + \pi\ln\dfrac{\pi\delta_1 + h}{h}\right)} \tag{7-22}$$

$$\eta = \frac{h}{\mu_r S_{pm}}\left|\begin{array}{l}\dfrac{2hp_1\left[(l_i+\delta_2)^2 - l_i^2\right] + 4hp_2\left[(l_i+\delta_1)^2 - l_i^2\right]}{\pi\left[(l_i+\delta_1)^2 - l_i^2\right]\left[(l_i+\delta_2)^2 - l_i^2\right]} + \\[2mm] \dfrac{2hp_1\left[l_o^2 - (l_o-\delta_2)^2\right] + 4hp_2\left[l_o^2 - (l_o-\delta_1)^2\right]}{\pi\left[l_o^2 - (l_o-\delta_2)^2\right]\left[l_o^2 - (l_o-\delta_1)^2\right]}\end{array}\right| \tag{7-23}$$

将式（7-20）~式（7-23）代入式（7-3）便得到复合式磁力耦合器漏磁系数的计算公式。

7.3　三维有限元验证

为验证解析计算结果所建立的三维有限元模型，当轴向气隙长度为 5mm，径向气隙为 4mm，复合气隙为 30mm 时，由该三维模型计算的复合式永磁转子磁通密度分布云图如图 7-8 所示，最大磁通密度在永磁体处，数值为 1.42T。

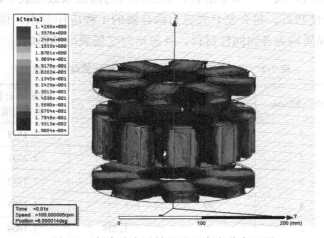

图 7-8　复合式永磁转子磁通密度分布云图
Time—时间　Speed—转速　Position—方位　rpm—r/min　deg—(°)

根据表 7-1 的复合式磁力耦合器尺寸参数，利用三维磁场仿真软件 Ansoft 建立模型，其中的求解类型定义为瞬态电磁场仿真。永磁体材料为 NdFe35、永磁体轭铁材料为 steel_1010，求解时间设置为 0.03s、步长为 0.002s、外转子输入转速为 100r/min。

由于网格的剖分直接影响有限元仿真结果的精确性，因此为得到较高的网格剖分质量，采用选择性剖分方法，即对求解精度要求较高的铜导体、轭铁、永磁体及气隙，网格划分应较密（网格数为 35000），对求解精度要求较低的其他部分则划分较疏，以缩短仿真时间并提高仿真质量。

表 7-1　复合式磁力耦合器的尺寸参数

参　　数	数　　值
轴向磁极对数	4
轴向永磁转子外径/mm	200
轴向永磁转子厚度/mm	25.4
轴向铜导体外径/mm	200
轴向铜导体厚度/mm	8
轴向轭铁盘外径/mm	200
轴向轭铁盘厚度/mm	10
径向磁极对数	5
径向永磁转子厚度/mm	25.4
径向永磁转子直径/mm	200
永磁体尺寸/mm	50.8×25.4×12.7

复合式磁力耦合器的三维有限元计算（即采用三维有限元模型计算所得的总磁通数值与气隙磁通数值的比值）及上一节中解析计算所得出的漏磁系数见表 7-2，可以看出最大误差仅为 6.1%，吻合度较好，符合复合式磁力耦合器的工程应用要求。误差的原因在于等效磁路建模时假设各媒质均为各向同性材料，且忽略时变场频率的影响。

表 7-2　三维有限元计算结果与解析计算结果比较

轴向气隙/mm	径向气隙/mm	复合气隙/mm	解析计算漏磁系数	3D-FEM 计算磁通比值	误差（%）
3	2	20	1.236	1.1878	3.4
3	4	30	1.285	1.2321	4.1
4	2	20	1.237	1.1942	3.5
4	4	30	1.287	1.2083	6.1
5	2	20	1.238	1.1664	5.7
5	4	30	1.288	1.2427	3.6

当轴向气隙、径向气隙及复合气隙不同时，4 个漏磁参数 α、β、γ 及 η 的数值参见表 7-3。从表中不难得出，β、γ、η 与 α 不处于同一数量级，这说明四种漏磁在气隙总漏磁中所占的比重不同，复合漏磁最大，故在计算中忽略其余 3 种漏磁。

表 7-3   *α*、*β*、*γ*、*η* 计算结果比较

轴向气隙/mm	径向气隙/mm	复合气隙/mm	α	β	γ	η
3	2	20	0.36	0.014	0.00000041	0.00000033
3	4	30	0.43	0.022	0.00000016	0.00000012
4	2	20	0.36	0.016	0.00000096	0.00000072
4	4	30	0.43	0.025	0.00000080	0.00000062
5	2	20	0.36	0.017	0.00000100	0.00000080
5	4	30	0.43	0.027	0.00000131	0.00000112

采用三维有限元法模拟轴向磁场与径向磁场的磁通密度分布图与漏磁所造成的损耗图，参见图 7-9~图 7-12。分析这些云图可知，轴向铝盘与径向铝盘处分布的磁通密度较低，其磁导率较大，说明铝盘的隔磁效果较好，因此永磁体内外边缘漏磁磁阻与永磁体周向漏磁磁阻较小，这与表 7-2、表 7-3 及解析计算得出的结果吻合。

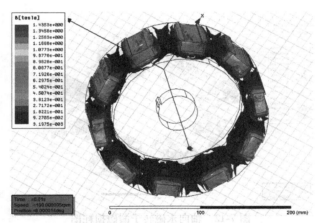

图 7-9   径向永磁转子磁通密度分布云图

Time—时间   Speed—转速   Position—方位   rpm—r/min   deg—(°)

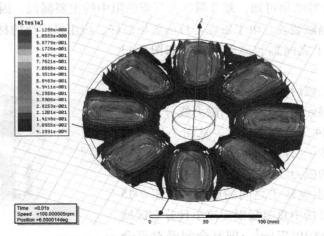

图 7-10   轴向永磁转子磁通密度分布云图

Time—时间   Speed—转速   Position—方位   rpm—r/min   deg—(°)

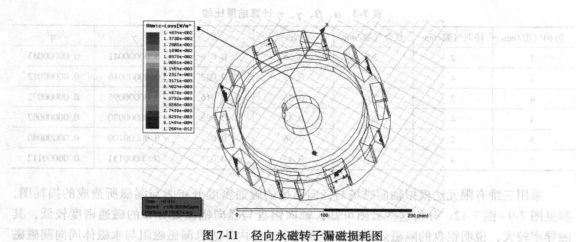

图 7-11 径向永磁转子漏磁损耗图

Time—时间　Speed—转速　Position—方位　rpm—r/min　deg—(°)

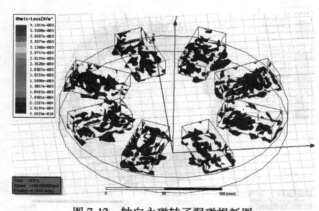

图 7-12 轴向永磁转子漏磁损耗图

Time—时间　Speed—转速　Position—方位　rpm—r/min　deg—(°)

根据表 7-3 的计算结果可知，复合漏磁为气隙磁阻中的主要漏磁，因此为了减小该种漏磁，考虑加装物理隔磁装置。由于磁轭是目前效果最好、应用最广泛的材料，故在轴向永磁转子与径向永磁转子之间加装磁轭圆盘，如图 7-13 所示。

加装磁轭圆盘隔磁后，对复合式磁力耦合器的复合磁场进行三维有限元仿真，所得的磁力线分布图与漏磁损耗图如图 7-14、图 7-15 所示。从图 7-14 中可以看出，轴向永磁转子所产生的磁力线分布区域与径向永磁转子所产生的磁力线分布区域不重叠，没有磁力线分布于轴径向永磁转子之间的磁场。从图 7-15 中可以看出，复合磁场中总磁漏损耗较小且分布区域较少，最大仅为 0.00101W/m³。即复合漏磁对复合磁场的干扰较小，可以忽略。

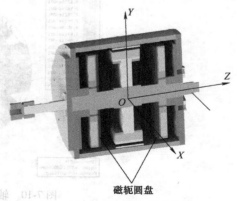

图 7-13 加装磁轭圆盘示意图

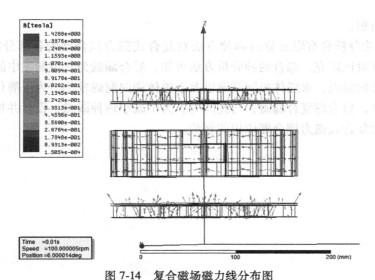

图 7-14　复合磁场磁力线分布图

Time—时间　Speed—转速　Position—方位　rpm—r/min　deg—(°)

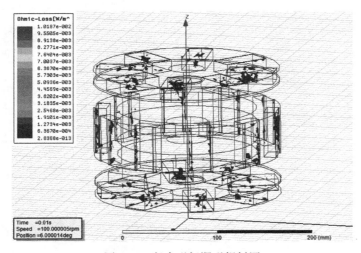

图 7-15　复合磁场漏磁损耗图

Time—时间　Speed—转速　Position—方位　rpm—r/min　deg—(°)

7.4　本章小结

本章针对现有磁力耦合器的缺陷，提出了一种新型复合式磁力耦合器结构，又由于复合式磁力耦合器同时具有轴向磁场与径向磁场，与普通磁力耦合器相比，磁场分布较为复杂，而且结构的特殊性致使漏磁计算难度较大，因此准确计算复合式磁力耦合器各部分的漏磁具有重要的意义，具体结论如下：

1）以现有筒式和盘式磁力耦合器的结构特点、工作特性为基础，结合永磁涡流传动原理，提出一种新型复合式磁力耦合器。由于该复合式磁力耦合器同时从轴向/径向充磁，增大了磁场感应面积。

2）利用磁路分析和有限元分析两种方法对复合式磁力耦合器的各部分漏磁进行计算，并对其结果加以对比研究。综合两种分析方法可知，复合漏磁为气隙漏磁中的主要漏磁，而永磁体内外边缘的漏磁、永磁体极间漏磁以及永磁体周向漏磁较小，为了简化复合式磁力耦合器的磁路计算，只考虑复合漏磁；与此同时，为了减小该种漏磁，设计并加装物理隔磁装置，降低漏磁对复合式磁力耦合器应用的制约。

第8章 复合式磁力耦合器磁力传动理论及仿真分析

2012 年作者课题团队研制了大型带式输送机磁力软起动装置，它使用执行机构调节铜盘转子与磁盘转子之间的气隙长度，能改变负载端的转速，经过研究发现：该装置传递转矩较小，当传递相同的功率时，占用空间体积大于复合式磁力耦合器，参见图 8-1 所示。

图 8-1　大型带式输送机磁力耦合器软起动特性试验台

本章基于三维度漏磁损耗计算，考虑漏磁效应建立了复合式磁力耦合器的磁力传动模型，采用化"场"为"路"法，得出复合式磁力耦合器的总输出转矩。又由于复合式磁力耦合器结构复杂，影响其磁力传动特性的影响因子较多，因此对单个因素影响下的磁力传动特性进行了仿真模拟，并在第 11 章中进行试验验证。

8.1　复合式磁力耦合器的磁路设计与分析

由于复合式磁力耦合器是左右对称式结构，为了简化分析，取其 1/4 进行磁路分析。图 8-2 所示为复合式磁力耦合器的磁力线走势图，它的磁通路径较普通筒式磁力耦合器或盘式磁力耦合器更复杂，整个磁路由主磁路、气隙漏磁回路、复合漏磁回路和槽漏磁回路构成。大多数磁力线选择磁阻较小的通道，穿过气隙、铜盘及轭铁形成主磁路，包括主磁路1和主磁路2；直接经气隙或邻近永磁体的小部分磁力线回路为漏磁，不被旋转铜导体切割。漏磁分为气隙漏磁回路、复合漏磁回路和槽漏磁回路，其中气隙漏磁随着气隙长度的变化而改变；槽漏磁与永磁体的布置数量有关；复合漏磁源于铝槽内永磁体与铝盘内永磁体之间的磁力线回路，应当考虑加装隔磁装置，减小复合漏磁。

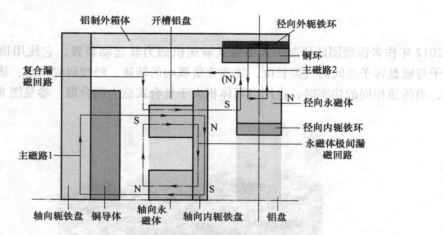

图 8-2 复合式磁力耦合器磁力线走势图

图 8-3 所示为复合式磁力耦合器带负载时每极外磁路的等效磁路图。当带载运行的复合式磁力耦合器处于稳定运行状态时，铜导体中产生的涡流趋向于稳定且方向交替变化，根据楞次定律，感应电流的磁场要阻碍原磁通的变化，因此，其产生的磁场与永磁体产生的原磁场作用相反，使磁路中增加了涡流磁动势 F_a（单位为 A）。

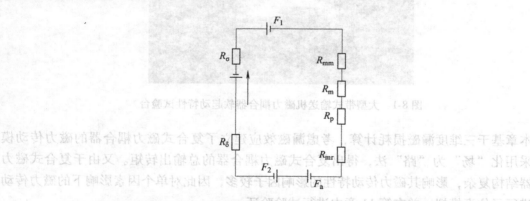

图 8-3 复合式磁力耦合器带负载时每极外磁路的等效磁路图

在图 8-3 中：F_1 为轴向每极永磁体向外提供的等效磁通势（A）；F_2 为径向每极永磁体向外提供的等效磁通势（A）；由于本文将轴向、径向永磁体的极化方向长度设置为相等，因此可近似认为 $F_1 = F_2$；Λ_δ 为每极永磁体气隙磁导（H）；Λ_σ 为复合漏磁回路磁导（H）；由于本课题中，轴径向采用相同的永磁体，则轴径向永磁体磁导相同，故设 Λ_m 为每极永磁体自身磁导（H）；Λ_p 为永磁体边缘对转子的漏磁磁导（H）；Λ_{mm} 为永磁体极间漏磁磁路磁导（H）；Λ_{mr} 为永磁体周向漏磁磁路磁导（H）。

外磁路的总磁位差 $\sum F$ 等于各部分磁路磁位差之和，即

$$\sum F = F_\delta + F_\sigma + F_{mm} + F_m + F_{mr} + F_p \tag{8-1}$$

式中　F_δ——每极永磁体气隙的磁位差（A）；

F_σ——复合漏磁的磁位差（A）；

F_{mm}——永磁体极间漏磁磁路的磁位差（A）；

F_p——永磁体边缘对转子的漏磁磁位差（A）；

F_{mr}——永磁体周向漏磁磁路的磁位差（A）；

F_m——每极永磁体自身的磁位差（A）。

主磁导是主磁路中各段磁路磁导的合成，设复合式磁力耦合器外磁路磁导为 Λ（H），根据第 2 章的漏磁计算结论，只考虑复合漏磁，忽略其他漏磁，则有

$$\Lambda = \cfrac{1}{\cfrac{1}{\Lambda_m} + \cfrac{1}{\Lambda_\sigma} + \cfrac{1}{\Lambda_\delta}} \tag{8-2}$$

因此，磁路中的总磁动势

$$F = F_1 - F_a \tag{8-3}$$

式中　$F_1 = H_c h$，其中 H_c 为永磁体的矫顽力（A/m），h 为永磁体的极化方向长度（mm）；

F_a——涡流产生的等效磁动势（A），$F_a = k_e i_e$，其中 $k_e = 1.5 \sim 2.5$，为等效折算系数，本文取 2.5，i_e 为涡流的有效值（A）。

根据第 2 章的漏磁计算结论，则可得

$$\Lambda_m = \frac{\mu_0 \mu_r S_{pm}}{h} \tag{8-4}$$

$$\Lambda_\delta = \Lambda_{\delta 1} + \Lambda_{\delta 2} = \frac{\mu_0 S_{pm}}{2\delta_1 + \delta_2} \tag{8-5}$$

$$\Lambda_\sigma = \int_{l_i}^{l_o} \int_0^{l_h} \frac{\mu_0 r \mathrm{d}r \mathrm{d}\theta}{\pi r \theta + \dfrac{\pi r}{p_1}} = \frac{\mu_0}{\pi} \left[l_h \ln \frac{p_1 l_h + l_o}{p_1 l_h + l_i} + l_o \ln \frac{p_1 l_h + l_o}{l_o} + l_i \ln \frac{p_1 l_h + l_i}{l_i} \right] \tag{8-6}$$

以上各式中　S_{pm}——永磁体的正对面积（mm²）；

$\mu_0 = 4\pi \times 10^{-7}$——空气磁导率（H/m）；

μ_r——永磁体的相对磁导率（H/m）；

l_h——复合气隙，即轴径向永磁转子之间的距离（mm）；

l_i——永磁体内边缘与铝盘中心孔圆周的距离（mm）；

l_o——永磁体外边缘与铝盘中心孔圆周的距离（mm）；

p_1——轴向永磁体磁极对数；

p_2——径向永磁体磁极对数。

气隙中的磁通 Φ_g 及磁通密度 B_g 的表达式为

$$\Phi_{\mathrm{g}} = \frac{F}{1/\Lambda} = (F_1 - F_a)\left(\frac{1}{\Lambda_{\mathrm{m}}} + \frac{1}{\Lambda_{\sigma}} + \frac{1}{\Lambda_{\delta}}\right) \tag{8-7}$$

$$B_{\mathrm{g}} = \frac{\Phi_{\mathrm{g}}}{S_{\mathrm{pm}}} \tag{8-8}$$

8.2 磁场转矩模型

设 r_1、r_2 分别为轴向铜盘的内、外径（mm），r_3、r_4 分别为径向铜环的内、外径（mm）。将轴向铜盘视为由无数根长度为（r_2-r_1）且过圆心的铜条组成，将径向铜环视为由无数根长度为（r_4-r_3）且过圆心的铜条组成，如图 8-4 所示。

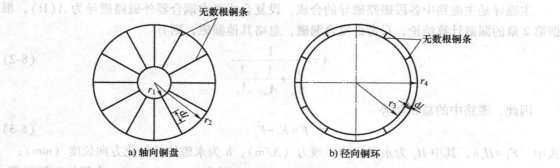

a) 轴向铜盘   b) 径向铜环

图 8-4 铜盘、铜环的等效结构

铜条 $\mathrm{d}l$ 段上产生的感应电动势

$$\mathrm{d}\varepsilon = B_{\mathrm{g}}\omega_{\mathrm{s}}\sin(\omega_{\mathrm{s}}t)\mathrm{d}l \tag{8-9}$$

式中 B_{g}——气隙中的磁通密度（T）；

ω_{s}——轴向铜盘（或径向铜环）相对永磁体盘的转差角速度，$\omega_{\mathrm{s}} = \omega_1 - \omega_2$，$\omega_1$、$\omega_2$ 分别为铜导体（或铜环）和轴向永磁体盘（或径向永磁体盘）的旋转角速度；

t——时间。

设 s 为转差率，其计算公式为

$$s = 2\pi\frac{\omega_1 - \omega_2}{\omega_1} \tag{8-10}$$

经过变化可得

$$\omega_{\mathrm{s}} = 2\pi s n_1 \tag{8-11}$$

式中 n_1——输入电动机的转速，即输入转速（r/min）。

轴向铜盘电动势 ε_{a} 以及径向铜环上的电动势 ε_{r} 的计算公式分别为

$$\varepsilon_{\mathrm{a}} = \int_{r_1}^{r_2}\mathrm{d}\varepsilon = 2\pi s n_1 B_{\mathrm{g}}\sin(2\pi s n_1 t)(r_2^2 - r_1^2)/2 \tag{8-12}$$

$$\varepsilon_{\mathrm{r}} = \int_{r_3}^{r_4}\mathrm{d}\varepsilon = 2\pi s n_1 B_{\mathrm{g}}\sin(2\pi s n_1 t)(r_4^2 - r_3^2)/2 \tag{8-13}$$

假设铜导体的长度为 l（mm），由于铜的电导率为 σ（S/m），则 $\mathrm{d}l$ 微元段上的电阻

$$dR = \frac{dl}{2\pi\sigma l\Delta} \tag{8-14}$$

每极永磁体对应轴向铜盘上 r_1 到 r_2 的电阻为 R_{1a}，对应径向铜环上 r_3 到 r_4 的电阻为 R_{1r}，可以得出

$$R_{1a} = 2k_R N_{pa}\int_{r_1}^{r_2}\frac{dl}{2\pi\sigma l\Delta} = \frac{k_R N_{pa}}{\pi\sigma\Delta}\ln\frac{r_2}{r_1} \tag{8-15}$$

$$R_{1r} = 2k_R N_{pr}\int_{r_3}^{r_4}\frac{dl}{2\pi\sigma l\Delta} = \frac{k_R N_{pr}}{\pi\sigma\Delta}\ln\frac{r_4}{r_3} \tag{8-16}$$

式中　Δ——铜导体的趋肤深度（mm）；

N_{pa}——轴向极对数；

N_{pr}——径向极对数；

k_R——不同转速下电阻的修正系数，其变化范围为 $0.6 \sim 4.6$。

由于铜导体几乎不导磁，故将其磁导率近似为空气的磁导率，则轴向铜导体的趋肤深度 Δ_a 与径向铜导体的趋肤深度 Δ_r 分别为

$$\left.\begin{array}{l} \Delta_a = (\mu_0\sigma N_{pa}\pi sn_1)^{-1/2} \\ \Delta_r = (\mu_0\sigma N_{pr}\pi sn_1)^{-1/2} \end{array}\right\} \tag{8-17}$$

根据上述分析可知，每极下永磁体产生的涡流

$$I_{1a} = \frac{\varepsilon_a}{R_a}; \quad I_{1r} = \frac{\varepsilon_r}{R_r} \tag{8-18}$$

式中　I_{1a}——轴向每极永磁体产生的涡流（A）；

I_{1r}——径向每极下永磁体产生的涡流（A）。

将式（8-7）和式（8-13）~式（8-18）代入式（8-8），整理后可得气隙磁通密度

$$B_g = F\left[\frac{1}{\Lambda}S_p + \frac{k_e\pi\sigma\Delta\omega_s\sin(\omega_s t)(r_2^2-r_1^2)}{2N_{pa}k_R\ln(r_2/r_1)} + \frac{k_e\pi\sigma\Delta\omega_s\sin(\omega_s t)(r_4^2-r_3^2)}{2N_{pr}k_R\ln(r_4/r_3)}\right]^{-1} \tag{8-19}$$

式中　k_R——不同转速下电阻的修正系数；

S_p——永磁体正对面积（mm）。

轴向铜盘上每极的涡流损耗 P_{1sa} 为

$$P_{1sa} = I_{1a}^2 R_{1a} \tag{8-20}$$

径向铜环上每极的涡流损耗 P_{1sr} 为

$$P_{1sr} = I_{1r}^2 R_{1r} \tag{8-21}$$

设 P_{sa} 为轴向铜盘上的总涡流损耗，P_{sr} 为径向铜环上的总涡流损耗，复合式磁力耦合器的输入功率 P_{in} 等于转速差损耗 P_s 与输出功率 P_{out} 之和，即

$$P_{in} = P_s + P_{out} = P_{sa} + P_{sr} + P_{out} \tag{8-22}$$

且易知，复合式磁力耦合器的输入转矩 T_{in}、输出转矩 T_{out} 及负载转矩 T_{load} 三者相等，即 $T_{in} = T_{out} = T_{load}$，故式（8-22）可改写为

$$T_{in}\omega_1 = T_{out}\omega_s + T_{out}\omega_2 \tag{8-23}$$

即

$$P_s = T_{out} \cdot \omega_s \tag{8-24}$$

式中　P_s——总涡流损耗（W）。

转速差功率主要以铜导体、法兰、轭铁、永磁体上的热形式散失，但是与铜导体的热损失相比，其他三者的热损失可忽略不计，因此，在工程设计中，一般近似认为转速差损耗与铜导体的涡流损耗相等，从而可得出每极永磁体可传递的转矩

$$T_1 = T_{1a} + T_{1r}; \quad T_{1a} = \frac{P_{sa}}{\omega_s}; \quad T_{1r} = \frac{P_{sr}}{\omega_s} \tag{8-25}$$

式中　T_{1a}——轴向每极永磁体传递的转矩（N·m）；

　　　T_{1r}——径向每极永磁体传递的转矩（N·m）；

　　　T_1——每极永磁体传递的转矩和（N·m）。

复合式磁力耦合器的传递效率

$$\eta = 1 - \frac{P_s}{P_{in}} = 1 - \frac{\omega_s}{\omega_{in}} \tag{8-26}$$

即复合式磁力耦合器的传递效率仅与主动转子、从动转子之间的转速差有关，转速差越小，传递效率就越高。

将式（8-11）~式（8-16）代入式（8-26），可得

$$T_{1a} = \frac{\omega_s \pi \sigma \Delta \sin(\omega_s t)(r_2^2 - r_1^2)^2}{4k_R N_P (\ln(r_2/r_1))^{1/2}} B_g^2$$
$$T_{1r} = \frac{\omega_s \pi \sigma \Delta \sin(\omega_s t)(r_4^2 - r_3^2)^2}{4k_R N_P (\ln(r_4/r_3))^{1/2}} B_g^2 \tag{8-27}$$

分析式（8-27）可知，复合式磁力耦合器的传递转矩与轴径向的气隙长度、转速差有关，气隙越小，则气隙磁导越大，因此，转矩增大。然而当气隙一定时，传递的转矩存在一个最大值，随着转速差的增大，传递的转矩先增大后减小。因此，复合式磁力耦合器传递的总转矩

$$T = 2N_{pr}T_{1r} + 2N_{pa}T_{1a} \tag{8-28}$$

8.3　复合式磁场特性的单因素影响规律分析

复合式磁力耦合器的气隙磁场包括轴向和径向磁场，其内部磁场为复杂的三维分布，并且各个部分的磁通密度分布不均匀，不同半径处磁路长度不同，其磁场计算比普通磁力耦合器复杂。为了精确计算其内部磁场，利用有限元法对其三维磁场进行数值计算，得出了其轴向结构与径向结构的三维磁场分布，并对影响其转矩的主要因素，如轴向/径向气隙长度、轴向/径向永磁体厚度、轴向/径向磁极数、轴向铜转子的槽数、轴向/径向铜转子的厚度等参数进行了单因素分析。

根据表7-1所列的复合式磁力耦合器参数，利用三维磁场仿真软件Ansoft求解，其中的求解类型定义为瞬态磁场仿真。永磁体材料为NdFe35，永磁体轭铁材料为steel1010，求解时间设置为0.3s，步长为0.001s，外转子输入转速为450r/min。

由于网格的剖分直接影响有限元仿真结果的精确性，因此为得到较高的网格剖分质量，采用选择性剖分方法，即对求解精度要求较高的铜导体、轭铁、永磁体及气隙，网格划分应

较密（网格数为 35000），对求解精度要求较低的其他部分则划分较疏，以缩短仿真时间并提高仿真质量。

　　根据上述设置，通过仿真得出了复合式磁力耦合器轴向盘式磁场分布与径向同心轴式磁场分布（图 8-5）。从图 8-5 中可以得出，由于主、从动转子存在转速差，铜导体切割磁力线，由此会有感应电流产生，从而产生一个感应磁场，对于复合式磁力耦合器而言，轴向盘式磁场与径向同心轴式磁场叠加作用，增加了感应磁场面积，因此，产生的输出转矩大于普通双盘式磁力耦合器。图 8-6a 为较小气隙时复合式磁力耦合器和普通双盘式磁力耦合器磁通密度分布曲线图，图 8-6b 为较大气隙时复合式磁力耦合器和普通双盘式磁力耦合器磁通密度分布曲线图。

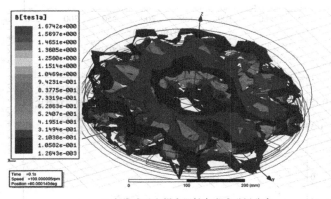

a) 复合式磁力耦合器轴向盘式磁场分布

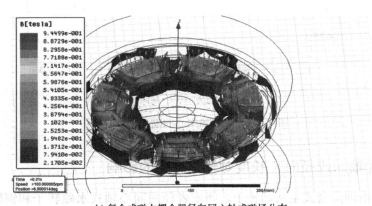

b) 复合式磁力耦合器径向同心轴式磁场分布

图 8-5　磁场仿真

Time—时间　Speed—转速　Position—方位　rpm—r/min　deg—(°)

　　分析图 8-6 可得，对于气隙磁场轴向磁通密度（B_y），复合式磁力耦合器和普通双盘式磁力耦合器的磁通密度数值上相差无几，而对于径向磁通密度（B_x），复合式磁力耦合器的磁通密度数值上大于普通双盘磁力耦合器的磁通密度，这是因为复合式磁力耦合器存在径向永磁转子，无疑增大了磁场正对面积，增加了气隙磁场强度。

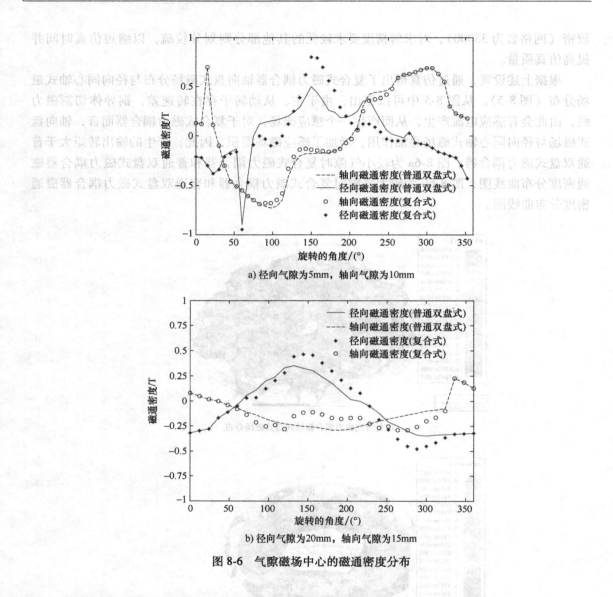

a) 径向气隙为5mm，轴向气隙为10mm

b) 径向气隙为20mm，轴向气隙为15mm

图 8-6　气隙磁场中心的磁通密度分布

8.3.1　气隙（轴向或径向）长度对输出转矩的影响

气隙长度是指轴向盘式主从动转子之间或者径向同心轴式永磁转子和铜转子间的距离。当轴向磁极数为 8，径向磁极数为 10，得到复合式磁力耦合器在不同气隙长度下输出转矩随时间的变化曲线如图 8-7 所示，取 10ms 后的平均值，作复合式磁力耦合器输出转矩与气隙长度的拟合关系曲线如图 8-8 所示。

从图 8-7 和图 8-8 中可以得出，复合式磁力耦合器的输出转矩随着气隙长度的增加而减小。原因在于复合式磁力耦合器中气隙的磁阻要比主、从动转盘的磁阻大得多，磁通势有很大部分消耗在气隙中，气隙长度过大，则消耗在气隙中的磁通势必定增加，使得气隙磁通密度减小，从而导致转矩降低。理论上，在设计中应当尽量减小气隙长度。考虑到气隙长度如果过小，气隙磁场对输出转矩的影响明显，并且会增大输出转矩的波动，因此，复合式磁力耦合器气隙长度的选择应综合考虑，一般取 5~15mm。

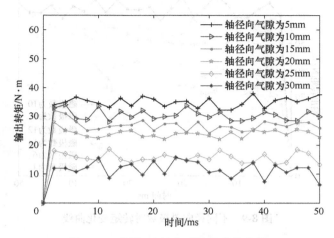

图 8-7　不同气隙长度时转矩变化曲线

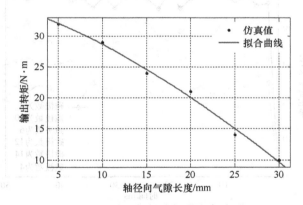

图 8-8　转矩与气隙长度拟合关系

8.3.2　磁极数（轴向或径向）对输出转矩的影响

　　轴径向气隙长度为 5mm 时，改变复合式磁力耦合器轴向转子和径向转子的磁极数，保持其他尺寸不变，得到不同径向转子和轴向转子磁极数时转矩的变化曲线图，如图 8-9 与图 8-10 所示。取 10ms 后转矩的平均值，作输出转矩与永磁体磁极数的关系曲线如图 8-11 所示。

　　从图 8-9 与图 8-10 中可知，在一定范围内，随着轴向转子的磁极数或者径向转子的磁极数增加，输出转矩增大，而当磁极数增加到一定数目后，输出转矩反而减小，并且当轴向转子的磁极数为 8，径向转子的磁极数为 10 时，输出转矩达到最大。由文献可知，N、S 极每变化一次，静磁能的存储便增加一次，故磁极数越多就越有利于静磁能的存储；一旦磁极数过多，不同磁极间的接触越多，漏磁也越大，使得气隙中的磁通密度减小，传递的输出转矩降低；并且磁极数目过多会造成每一块永磁体的尺寸减小，过小的尺寸将给加工以及装配工艺带来困难。因此，在磁极数目的选择上应当综合考虑气隙磁通密度、漏磁以及静磁能等因素，故复合式磁力耦合器选择轴向转子磁极数为 8，径向转子磁极数为 10。

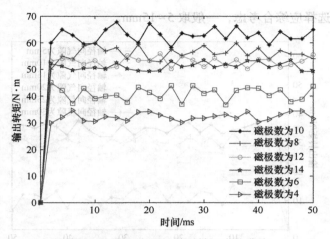

图 8-9　不同径向磁极数时转矩变化曲线

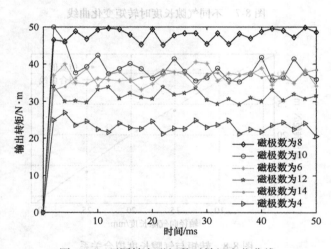

图 8-10　不同轴向磁极数时转矩变化曲线

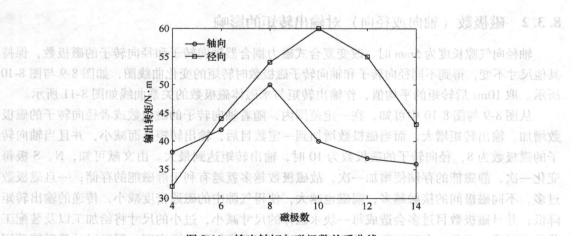

图 8-11　输出转矩与磁极数关系曲线

8.3.2　磁极数（轴向或径向）对输出转矩的影响

轴向气隙长度为 5mm 时，磁场变更为合理匹配参数值对于轴向转矩的影响较大，保持其他尺寸不变，将相对转矩向径向磁极数和轴向磁极数作出变化曲线图，如图 8-9 与图 8-10 所示，其 10ms 后持续的平稳值。将输出转矩及瞬态磁极数的关系绘制如图 8-11 所示。

从图 8-9 与图 8-10 可知，在一定范围内，随着磁极数增大且各径向转矩于瞬态磁极数增加，输出转矩短增大，而轴向磁极数于某瞬态数值达到一定值后增加而减小，并且当径向转矩于径向磁极数为 8，径向磁极数可取 10 时，输出转矩达到最大，由变化规律可知，N_r、N_z 稳定变化一次，瞬态磁极数的变化增加一次，从磁极数增大在稳定的时间内一直合理变化，不同磁极数可随径向变化较大。在轴向与磁极增加时变化小，得到的输出转矩取得较小，当径向磁极数达到参数值，则最小的不少于转矩则以及其施工学增来看最佳。由图，在瞬态磁极瞬态变化度，则稳以及瞬磁瞬态度参因素，故设置为合理匹配瞬态匹配度于径向磁极数为 8，径向磁极数可取为 10。

8.3.3　永磁体厚度对输出转矩的影响

轴径向气隙长度为 5mm 时，确定其他参数不变的情况下，分析输出转矩与轴向转子永磁体厚度、径向转子永磁体厚度的关系。图 8-12、图 8-13 所示分别为不同轴向永磁体厚度和不同径向永磁体厚度下输出转矩随时间的变化曲线，取 10ms 后输出转矩的平均值，作复合式磁力耦合器输出转矩与永磁体厚度的关系曲线图，如图 8-14 所示。

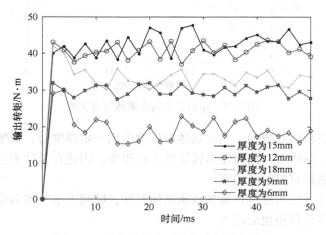

图 8-12　轴向转子内不同永磁体厚度关系

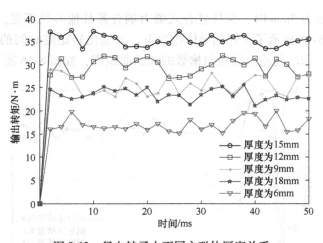

图 8-13　径向转子内不同永磁体厚度关系

从图 8-12 和图 8-13 中可以看出增大永磁体厚度 h_m，能够提高输出转矩。原因在于永磁体在整个磁路中提供磁通势，永磁体越厚则提供的磁通势就越大，磁路中的气隙磁通密度就越强。然而永磁体厚度的持续增大并不能无限提高转矩值。当轴向永磁转子中的永磁体厚度小于 15mm 时，随着永磁体厚度的增大，输出转矩为上升趋势的曲线，但当轴向永磁转子中的永磁体厚度大于 15mm 后，输出转矩的增加量减小，数值逐渐趋近一个定值。原因是在高矫顽力的永磁体中，永磁体内部的磁阻非常大，随着永磁体厚度的增加，虽然磁通势增加

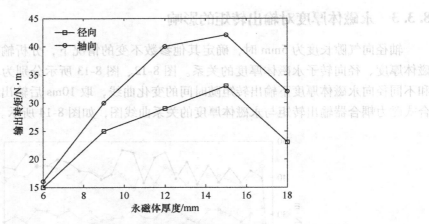

图 8-14　输出转矩与永磁体厚度关系

了，但磁阻、漏磁也相应地增加，当永磁体厚度增大到一定厚度时，所增加的磁通势大部分消耗在增加的磁阻、漏磁上，而对输出转矩的贡献很少。因此在设计中选择永磁体厚度不宜太厚，以免降低永磁体材料的利用率。

对于径向永磁转子的永磁体，增加其永磁体厚度，即增大永磁体啮合面积，磁场作用面积就增大，因此，输出转矩也会增大。

8.3.4　铜转子的槽数对输出转矩的影响

轴径向气隙长度为 5mm 时，保持复合式磁力耦合器其他参数不变，改变主动轴向转子的铜导体槽数。图 8-15 显示了不同铜导体槽数下，其输出转矩随时间的变化曲线。取 10ms 后输出转矩的均值，作出其输出转矩与槽数的关系曲线图，如图 8-16 所示。

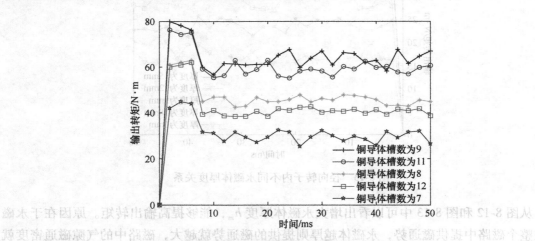

图 8-15　输出转矩与轴向铜转子槽数关系随时间变化

图 8-17 所示为槽数为 10 时，且与永磁转子上永磁体数目一致时，复合式磁力耦合器输出转矩随时间变化的曲线。从图中可见，输出转矩随时间成类似正弦曲线关系变化，与图 8-15 中的输出转矩变化曲线有很大的区别，其原因是：对于轴向铜转子槽数和永磁转子磁极数相

等的复合式磁力耦合器，当轴向铜转子旋转时，处于永磁体磁极中心处的扇形铜导体与永磁体间的磁导几乎不变，因此这些扇形铜导体周围的磁场也基本不变，而与每个永磁体两侧面对应的由一个或两个扇形铜导体所构成的小段封闭区域内，磁导变化很大，引起磁场储能变化，从而产生了较大的额外转矩，虽然并不影响平均输出转矩的输出，但它却能造成复合式磁力耦合器较大的振动和噪声，因此应尽量削弱，即在复合式磁力耦合器设计中，永磁转子的磁极数和铜转子槽数不能相等。

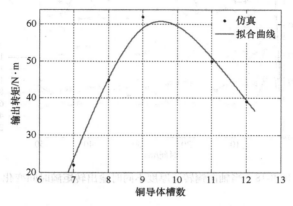

图 8-16　输出转矩与轴向铜转子槽数关系

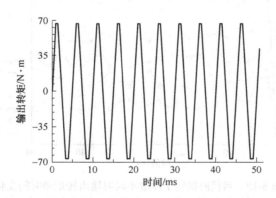

图 8-17　轴向铜转子槽数为 10 时输出转矩随时间变化

8.3.5　铜导体的厚度对输出转矩的影响

轴径向气隙长度为 5mm 时，确定复合式磁力耦合器其他参数不变，仅改变其径向铜转子与轴向铜转子的厚度，图 8-18 和图 8-19 所示分别为当轴向铜转子厚度不同时或者径向铜转子厚度不同时，输出转矩随时间变化图。取 10ms 后转矩的平均值，作复合式磁力耦合器输出转矩与不同轴、径向铜转子厚度的关系曲线如图 8-20 所示。

图 8-18、图 8-19 中可以看出，当轴径向气隙长度为 5mm 时，对于轴、径向铜转子厚度而言，随着铜转子厚度的增加，输出转矩先增大后减小，在轴向铜转子厚度范围为 8～14mm，径向铜转子厚度为 8mm 时达到最大。究其原因为，由于趋肤效应的存在，铜转子内

的感应电流几乎是在导线表面附近的一薄层中流动，因此铜转子厚度越大，趋肤效应的程度越明显，从而使得铜导体内的等效电阻增大，漏抗减小，于是输出转矩提高。但随着铜导体厚度的持续增大，铜转子导磁体积减小，引起铜转子磁通密度饱和，气隙磁通密度减小，最终使输出转矩减小。

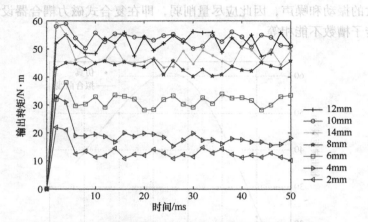

图 8-18　当轴向铜转子厚度不同时输出转矩随时间变化

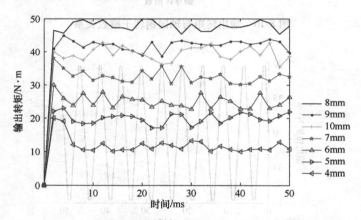

图 8-19　当径向铜转子厚度不同时输出转矩随时间变化

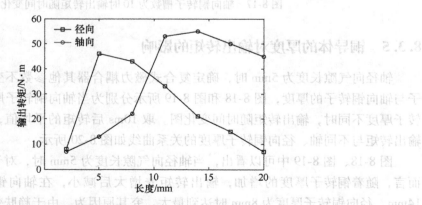

图 8-20　输出转矩与轴、径向铜转子厚度关系曲线

8.4　本章小结

本章运用化"场"为"路"法，考虑漏磁效应，建立了复合式磁力耦合器的数学模型，得出复合式磁力耦合器磁力传动的基本规律。通过对复合式磁力耦合器的磁场仿真，获得了复合式磁力耦合器不同参数对输出转矩的单因素影响规律，该结论为设计复合式磁力耦合器提供了一定的参考依据。主要结论如下：

1）复合式磁力耦合器的输出转矩随着轴、径向气隙长度的增大而减小。选择气隙长度时，应当综合考虑同轴度的装配难度、工作时的振动情况及输出转矩脉动现象，因此一般为5~15mm。

2）当磁极数较小时，增大轴、径向永磁转子的磁极数，输出转矩随之增加；当轴向永磁转子的磁极数为 8，径向永磁转子的磁极数为 10 时，输出转矩最大，随着轴、径向磁极数继续增大，输出转矩反而减小。

3）在一定范围内，增大永磁体的厚度可以增加输出转矩，但不能无限增大，当轴向永磁转子的永磁体厚度增加到 15mm 时，输出转矩的增加量逐渐减小，永磁体的利用率降低。对于径向永磁转子的永磁体，增加其永磁体厚度，即增大永磁体啮合面积，磁场作用面积增大，因此，输出转矩也增大。

4）随着轴向铜导体槽数的增加，复合式磁力耦合器的输出转矩先增大后减小，当槽数为 9~11 时，达到峰值。而当槽数为 10 时，轴向铜导体槽数与轴向永磁转子的永磁体数目相等，产生了较大的扇形铜导体转矩，造成复合式磁力耦合器较大的振动和噪声，应当尽量避免。

第 9 章 基于改进响应面方法的复合式磁力耦合器优化分析

复合式磁力耦合器在稳定运行阶段的动态特性对永磁涡流传动具有重要影响。由于复合式磁力耦合器动态特性与自身结构参数密切相关，可通过优化复合式磁力耦合器自身结构参数来改善动态特性。目前常用的优化方法有正交试验法、遗传算法、响应曲面法（简称响应面方法）、神经网络等，其中响应曲面优化法通过对过程的回归拟合和响应曲面、等高线的绘制，可方便求出各因素水平对应的响应值、预测的响应最优值以及相应试验条件，因此在参数优化方面得到广泛使用。

本章根据第 8 章单因素影响分析的结论，基于改进响应面法对复合式磁力耦合器磁力传动特性进行分析并对结构参数进行优化研究。具体研究内容如下：首先，针对复合式磁力耦合器结构参数对其磁力传动特性的影响，建立三维磁场有限元分布模型；其次，基于改进的响应面优化法，对其结构参数进行优化分析；应用三维有限元法以及在第 6 章中进行的试验比较，对优化结果进行验证。研究结果有利于改善复合式磁力耦合器的磁力传动特性以及提高其工作可靠性。

9.1 响应面方法

响应面方法作为科学和工程问题中较早发展出的建立近似显函数的途径之一，许多国内外学者已将其应用于工程问题的参数优化中，并取得了许多进展。

9.1.1 响应面方法的基本理论

假定参数或设计点是 n 维矢量 $\boldsymbol{x} \in \boldsymbol{E}^n$，它是待求性能函数的自变量，二者存在的函数关系为 $y = y(x)$。尽管未知的函数可能找不出准确的表达式，然而只要给定了参数值或者设计点值，即确定了一个样本点 $\boldsymbol{x}^{(j)}$，总可以通过实体的或数值的试验得到相应的性能值 $y = y(x(j))$，这是对应一个参数值或设计点值的一个响应值，如果做了足够多的试验，例如 m 个试验，那么，就可以利用 m 个样本点及其 m 个响应（或称为性能的样本值），利用待定系数的方法求出函数 $y = y(x)$ 的近似函数

$$\tilde{y} = f(x) \tag{9-1}$$

式中 $\tilde{y}$，$f(x)$——待构造的响应面函数。

因为性能响应与相关变量的函数关系一般是未知的，故必须选择函数 $\tilde{y}$ 的形式。适合的函数形式会使优化计算结果更加精确，并且宜于拓宽设计空间域。一般情况下，响应面函数的形式选取时应参照以下两个要求：①响应面函数的计算公式应在基本符合真实函数的前

提下尽可能简化；②响应面函数中应尽量减少待定系数以简化实际试验次数或数值分析的计算量。根据工程经验，一般情况都选取线性或二次多项式的形式。线性与二次多项式参见如下：

线性型：

$$\tilde{y} = \alpha_0 + \sum_{j=1}^{n} \alpha_j x_j \tag{9-2}$$

式中　x_j——某一个样本。

不包含交叉项的二次型：

$$\tilde{y} = \alpha_0 + \sum_{j=1}^{n} \alpha_j x_j + \sum_{j=1}^{n} \alpha_{jj} x_j^2 \tag{9-3}$$

式中　α_{jj}——没有交叉项的二次项待定系数。

包含交叉项的二次型：

$$\tilde{y} = \alpha_0 + \sum_{j=1}^{n} \alpha_j x_j + \sum_{i=1}^{n} \sum_{j=i}^{n} \alpha_{ij} x_i x_j \tag{9-4}$$

式中　α_0——常数项待定系数；

$\quad\quad \alpha_j$——一次项待定系数；

$\quad\quad \alpha_{ij}$——二次项待定系数；

$\quad\quad x_i$——另一个样本。

为了下面的推导简便和统一，则令

$$\begin{cases} x_0 = 1 \\ x_1 = x_1, x_2 = x_2, \cdots, x_n = x_n \\ x_{1+n} = x_1^2, x_{2+n} = x_2^2, \cdots, x_{2n} = x_n^2 \\ x_{1+2n} = x_1 x_2, x_{2+2n} = x_1 x_3, \cdots, x_{n(n+3)/2} = x_{(n-1)} x_n \end{cases} \tag{9-5}$$

$$\begin{cases} \beta_0 = \alpha_0 \\ \beta_1 = \alpha_1, \beta_2 = \alpha_2, \cdots, \beta_n = \alpha_n \\ \beta_{1+n} = \alpha_{1+n}, \beta_{2+n} = \alpha_{2+n}, \cdots, \beta_{2n} = \alpha_{2n} \\ \beta_{1+2n} = \alpha_{12}, \beta_{2+2n} = \alpha_{13}, \cdots, \beta_{n(n+3)/2} = \alpha_{(n-1)n} \end{cases} \tag{9-6}$$

式中　x——样本；

$\quad\quad \beta$——待定系数；

$\quad\quad \alpha$——待定系数。

整合式（9-5）和式（9-6）则得到统一形式

$$\tilde{y} = \sum_{i=0}^{k-1} \beta_i x_i \tag{9-7}$$

式中　β_i 为待定系数。并且 β_i 的个数 k 需根据响应面函数的形式选择，参见表 9-1。

为了确定待定系数，需要进行 m 次（$m \geq k$）独立性试验，进行每次试验时各个变量的值不相同，可以得到 m 个样本点依次对应的响应值 $y(i)$（$i = 0, \cdots, m-1$），代入式（9-5）进行变换，则

表 9-1　待定系数个数与对应的函数形式

函 数 形 式	待定系数个数 k
线性型	$n+1$
可分离二次型（即不含交叉项）	$2n+1$
完整二次型	$(n+1)(n+2)/2$

$$
\begin{array}{cccc|c}
x_0^{(0)} & x_1^{(0)} & \cdots & x_{k-1}^{(0)} & y^{(0)} \\
x_0^{(1)} & x_1^{(1)} & \cdots & x_{k-1}^{(1)} & y^{(1)} \\
\vdots & \vdots & \vdots & \vdots & \vdots \\
x_0^{(m-1)} & x_1^{(m-1)} & \cdots & x_{k-1}^{(m-1)} & y^{(m-1)}
\end{array}
\tag{9-8}
$$

将以上 m 个样本点 $x(j)(j=0,\cdots,m-1)$ 代入式（9-7）中，可得出响应面的函数值为

$$
\begin{cases}
\tilde{y}^{(0)} = \sum_{i=0}^{k-1} \beta_i x_i^{(0)} \\
\tilde{y}^{(1)} = \sum_{i=0}^{k-1} \beta_i x_i^{(1)} \\
\quad\vdots \\
\tilde{y}^{(m-1)} = \sum_{i=0}^{k-1} \beta_i x_i^{(m-1)}
\end{cases}
\tag{9-9}
$$

由于响应面函数 $\tilde{y}(x)$ 是其原型性能函数 $y(x)$ 的近似函数，因此式（9-9）所计算出的结果与试验响应值之间存在误差，即

$$
\begin{cases}
\varepsilon^{(0)} = \sum_{i=0}^{k-1} \beta_i x_i^{(0)} - y^{(0)} \\
\varepsilon^{(1)} = \sum_{i=0}^{k-1} \beta_i x_i^{(1)} - y^{(1)} \\
\quad\vdots \\
\varepsilon^{(m-1)} = \sum_{i=0}^{k-1} \beta_i x_i^{(m-1)} - y^{(m-1)}
\end{cases}
\tag{9-10}
$$

式（9-10）中的 $\beta(i)(i=0,\cdots,m-1)$ 并没有确定，故可以通过将 $\sum_{j=0}^{m-1}(\varepsilon^{(j)})^2$ 极小化，控制误差使其最小，与此同时也确定了待定系数 $\beta(i)(i=0,\cdots,m-1)$，简言之，利用最小二乘法使误差的平方和最小，以便于使响应面的精度最高，即

$$
S(\boldsymbol{\beta}) = \sum_{j=0}^{m-1}(\varepsilon^{(j)})^2 = \sum_{j=0}^{m-1}\left(\sum_{i=0}^{k-1}\beta_i x_i^{(j)} - y^{(j)}\right)^2 \to \min
\tag{9-11}
$$

而式（9-11）取极小值的必要条件参见下式

$$
\frac{\partial S}{\partial \beta_i} = 2\sum_{j=0}^{m-1}\left[x_i^{(j)}\left(\sum_{i=0}^{k-1}\beta_i x_i^{(j)} - y^{(j)}\right)\right] = 0
\tag{9-12}
$$

式中　S——误差。

同时必须满足 $\dfrac{\partial^2 S}{\partial \beta_i^2} > 0$，目标函数的二阶导数大于 0。

这是包含 k 个方程以及 k 个未知数的线性方程组，对其进行化简后，即

$$\begin{cases} \sum_{i=0}^{k-1} \sum_{j=0}^{m-1} \beta_i x_i^{(j)} = \sum_{j=0}^{m-1} y^{(j)} \\ \sum_{i=0}^{k-1} \sum_{j=0}^{m-1} \beta_i x_1^{(j)} x_i^{(j)} = \sum_{j=0}^{m-1} x_1^{(j)} y^{(j)} \\ \vdots \\ \sum_{i=0}^{k-1} \sum_{j=0}^{m-1} \beta_i x_{k-1}^{(j)} x_i^{(j)} = \sum_{j=0}^{m-1} x_{k-1}^{(j)} y^{(j)} \end{cases} \tag{9-13}$$

将其转化为矩阵形式，则有

$$(\boldsymbol{X}\boldsymbol{\beta} - \boldsymbol{y})^{\mathrm{T}} \boldsymbol{X} = 0 \tag{9-14}$$

其中

$$\boldsymbol{X} = \begin{Bmatrix} x_1^{(0)} & x_2^{(0)} & \cdots & x_{k-1}^{(0)} \\ x_1^{(1)} & x_2^{(1)} & \cdots & x_{k-1}^{(1)} \\ \vdots & \vdots & \vdots & \vdots \\ x_1^{(m-1)} & x_2^{(m-1)} & \cdots & x_{k-1}^{(m-1)} \end{Bmatrix}, \quad \boldsymbol{y} = \begin{Bmatrix} y^{(0)} \\ y^{(1)} \\ \vdots \\ y^{(m-1)} \end{Bmatrix}, \quad \boldsymbol{\beta} = \begin{Bmatrix} \beta_0 \\ \beta_1 \\ \vdots \\ \beta_{k-1} \end{Bmatrix} \tag{9-15}$$

9.1.2　响应面方法的改进

改进的响应面方法在迭代过程中通过中心展开点，优化过程可以收敛到精确的局部最优点，同时理性运动把每次寻优的空间缩小，在建立近似显函数展开点或构造点的邻域进行寻优，避免了优化迭代振荡、收敛速度缓慢或不收敛的缺陷，提升了优化速度并保证求解的有效性和准确性。为了克服原有响应面方法在中心设计点拟合值不精确的缺陷，在综合前人的研究的基础上，提出了一种新的通过中心展开点的改进响应面模型。

通过中心展开点的改进响应面模型其基本思路有两点：在试验点中选取一点 $\boldsymbol{x}^{(0)}$，响应面函数在该点取值恰等于试验值 $y^{(0)}$，即 $\tilde{y}(\boldsymbol{x}^{(0)}) = y^{(0)}$；响应面函数在其余 $m-1$ 个试验点的取值与试验值的误差满足最小二乘法的原则。因响应面函数在 $\boldsymbol{x}^{(0)}$ 点无误差，称该点为中心展开点，将中心展开点代入式（9-6），得到

$$\beta_0 = y(0) - \sum_{i=1}^{k-1} \beta_i x_i^{(0)} \tag{9-16}$$

相应的，$\boldsymbol{X}$、$\boldsymbol{y}$ 和 $\boldsymbol{\beta}$ 的形式变为

$$\boldsymbol{X} = \begin{Bmatrix} x_1^{(1)} - x_1^{(0)} & x_2^{(1)} - x_2^{(0)} & \cdots & x_{k-1}^{(1)} - x_{k-1}^{(0)} \\ x_1^{(2)} - x_1^{(0)} & x_2^{(2)} - x_2^{(0)} & \cdots & x_{k-1}^{(2)} - x_{k-1}^{(0)} \\ \cdots & \cdots & \cdots & \cdots \\ x_1^{(m-1)} - x_1^{(0)} & x_2^{(m-1)} - x_2^{(0)} & \cdots & x_{k-1}^{(m-1)} - x_{k-1}^{(0)} \end{Bmatrix} \tag{9-17}$$

$$\boldsymbol{y} = \begin{Bmatrix} y^{(1)} - y^{(0)} \\ y^{(2)} - y^{(0)} \\ \cdots \\ y^{(m-1)} - y^{(0)} \end{Bmatrix}, \quad \boldsymbol{\beta} = \begin{Bmatrix} \beta_1 \\ \beta_2 \\ \cdots \\ \beta_{k-1} \end{Bmatrix} \tag{9-18}$$

求得 $\boldsymbol{\beta}$ 式，可代入（9-16）求得 β_0，再代入式（9-7）即可得到响应面函数的表达式。

9.2　改进响应面方法的误差分析

改进响应面模型的精度一般与采样点的个数、多项式的次数以及原函数的光滑度有关。利用统计学理论中的方差分析检验改进响应面模型的有效性是目前最常用的方法。

统计学中的 F 检验一般被用于改进响应面模型的显著性检验。假设误差波动的总平方和为 S_z，误差自由度为 f_z，残差波动平方和为 S_c，残差自由度为 f_c，拟合误差波动平方差为 S_n，拟合误差自由度为 f_n，数学表达式依次为

$$S_z = \sum_{i=1}^{M}(y_i - \bar{y})^2; \quad f_z = M-1 \tag{9-19}$$

$$S_c = \sum_{i=1}^{M}(y_i - \check{y}_i)^2; \quad f_c = M-N \tag{9-20}$$

$$S_n = \sum_{i=1}^{M}(\check{y}_i - \bar{y})^2; \quad f_n = N-1 \tag{9-21}$$

式（9-19）~式（9-21）中　$\tilde{y}$ 和 y_i——第 i 个样本点的近似响应值与响应值；

　　　　　　　M——采样个数；

　　　　　　　N——改进响应面模型的个数。

$$\bar{y} = \frac{1}{M}\sum_{i=1}^{M} y_i \tag{9-22}$$

式中　$\bar{y}$——M 个采样点的均值。

根据统计学理论，改进响应面模型的统计量 F 值可用下式表示：

$$F(f_n, f_c) = \frac{S_n}{S_c}\frac{f_c}{f_n} \tag{9-23}$$

当给定显著性水平 a 时，如果满足下式：

$$F(f_n, f_c) > F_\alpha(f_n, f_c) \tag{9-24}$$

那么可认为当显著性水平为 a，改进响应面模型有显著意义和可靠性。

结果的统计学意义是结果真实程度（能够代表总体）的一种估计方法。专业上，p 值为结果可信程度的一个递减指标，p 值越大，越不能认为样本中变量的关联是总体中各变量关联的可靠指标。p 值是将观察结果认为有效即具有总体代表性的犯错概率。如 $p=0.05$ 提示样本中变量关联有 5% 的可能是由于偶然性造成的。即假设总体中任意变量间均无关联，重复类似试验，会发现约 20 个试验中有一个试验，所研究的变量关联将等于或强于试验结果（这并不是说如果变量间存在关联，可得到 5% 或 95% 次数的相同结果，当总体中的变量存在关联，重复研究和发现关联的可能性与设计的统计学效力有关）。在许多研究领域，0.05 的 p 值通常被认为是可接受错误的边界水平。

改进响应面模型的方差分析参数见表 9-2。

然而工程实践中，经常采用复相关系数 R^2 对改进响应面模型进行验证，如下式：

$$R^2 = \frac{S_n}{S_z} \tag{9-25}$$

表 9-2　改进响应面模型的方差分析情况

来　源	波动平方和	自　由　度	均　方　差	F
拟合	$S_n = \sum_{i=1}^{M} (\breve{y}_i - \bar{y})^2$	$f_n = N-1$	$V_n = S_n/f_n$	$F = \dfrac{S_n}{S_c}\dfrac{f_c}{f_n}$
残差	$S_c = \sum_{i=1}^{M} (y_i - \breve{y}_i)^2$	$f_c = M-N$	$V_c = S_c/f_c$	—
总和	$S_z = \sum_{i=1}^{M} (y_i - \bar{y})^2$	$f_z = M-1$	—	—

改进响应面模型的拟合精度可采用复相关系数的值（$0<R^2<1$）来表示。通常情况下，复相关系数的值越接近于 1，证明改进响应面模型的精度越高。

然而当改进响应面模型的设计变量与基函数个数增加时，复相关系数值通常逐渐增大最终趋近于 1。但是此时复相关系数值为 1 并不能反映改进响应面模型的拟合精度高。针对于此，提出了修正的复相关系数，可表示为下式：

$$R_{adj}^2 = 1 - \frac{S_c}{S_z}\frac{f_z}{f_c} \tag{9-26}$$

因此，修正后的复相关系数值可以用来评价改进响应面模型的精度。

9.3　基于改进响应面方法的复合式磁力耦合器结构参数优化

由于复合式磁力耦合器结构参数较多，故联合 Ansoft Maxwell 与 Design Expect 8.0 软件，设计多因素多响应值二次正交旋转组合试验对复合式磁力耦合器结构参数进行改进响应曲面优化分析，以寻求复合式磁力耦合器最优的结构布局与参数。

9.3.1　基于改进响应面方法的结构参数优化模型

基于改进响应面方法的结构参数优化通过试验设计法选取试验设计点，采用三维磁场仿真分析法，仿真出预先选择的试验设计点所对应的响应值，如最大输出转矩与平均转速。根据三维磁场仿真得出的响应值在预先选择的设计点上进行改进响应面的拟合，建立结构参数响应值关于设计变量的改进响应面模型，再采用最优化方法对结构参数进行优化。基于改进响应面方法的结构参数数学模型如下式：

$$\begin{cases} \max F(x) \\ g_j \leqslant 0 \quad j=1,2,\cdots,m \\ x_{iL} \leqslant x_i \leqslant x_{iU} \quad i=1,2,\cdots,n \end{cases} \tag{9-27}$$

式（9-26）中，目标函数为 F，约束函数为 g_j，设计变量 x 是目标函数与约束函数的解析函数，约束函数的个数为 m，$x=(x_1,x_2,\cdots,x_n)$ 为设计变量，设计变量的个数为 n，第 i 个设计变量的上限值与下限值依次为 x_{iL} 和 x_{iU}。

9.3.2　基于改进响应面方法的流程分析

图 9-1 所示为基于改进响应面方法的结构参数优化算法流程图，详细步骤如下：

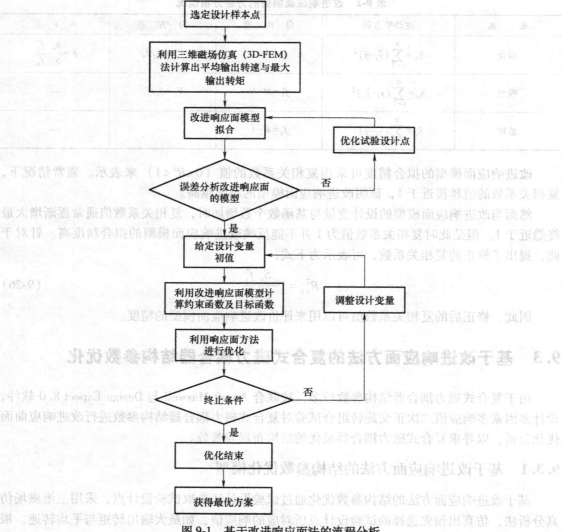

图 9-1　基于改进响应面法的流程分析

1）首先依次定义目标函数、约束函数与设计变量，在设计空间中参照试验设计方法选择若干个试验设计点。

2）计算最大输出转矩与平均输出转速时，利用第 3 章中介绍的 3D-FEM 法进行仿真计算。

3）根据计算得出的输出转矩与平均输出转速值，依次计算试验设计点处的目标函数与约束函数。

4）选定改进响应面方法的多项式次数，根据设计点的目标函数、约束函数和设计变量数值建立目标函数以及约束函数的改进响应面模型。

5）采用 9.2 节中的误差分析法对改进响应面模型的拟合精度进行验证，若满足精度，则进行步骤 6），若不满足精度，则需优化试验设计点并返回步骤 1）。

6）选定设计变量的初值。

7）给定设计变量，根据改进响应面的模型计算此时的目标函数与约束函数。

8）利用改进响应面方法对结构参数优化问题进行优化。

9）将终止条件设定为循环的最大次数，判断是否满足终止条件，若满足终止条件，则迭代优化结束，若不满足终止条件，则修改迭代算法中的设计变量，重复 6）7）8）步骤。

10）获得最优的设计方案。

9.3.3　单因素影响分析

为探索复合式磁力耦合器结构参数对磁力传动特性的影响，基于第 3 章中单因素仿真分析结论对复合式磁力耦合器的结构参数进行改进响应面优化试验设计。图 9-2 表明，复合式磁力耦合器输出转矩波动幅值随气隙长度的增大而减小，随铜导体厚度的增大先增大后减小。

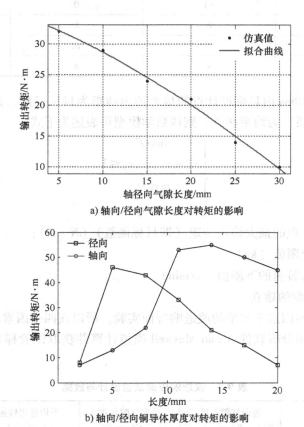

a）轴向/径向气隙长度对转矩的影响

b）轴向/径向铜导体厚度对转矩的影响

图 9-2　输出转矩随复合式磁力耦合器参数变化规律

9.3.4　改进响应面试验设计

改进的响应面试验不需要进行连续多次试验，相较于其他优化方法，所需试验组合数较少，且一般用于因素的非线性影响分析，因而得到更广泛的应用。基于改进的响应面设计原理，以复合式磁力耦合器稳定运行阶段的平均输出转速和最大转矩值为响应值。由于第 8 章中，轴径向气隙长度取值为 5~15mm，而轴向铜导体厚度取值为 6~10mm，三者的数值尚未确定，故选取轴向铜盘厚度、轴向气隙长度和径向气隙长度为设计变量，依次记为 A、B、C。为了便于分析，将有量纲的设计变量转换为无量纲变量，该无量纲变量的三个水平为 -1，0，1。量纲变换定义为

$$x_1 = \frac{A-8}{2}; \quad x_2 = \frac{B-10}{5}; \quad x_3 = \frac{C-8}{4} \tag{9-28}$$

基于单个因素分析结果来确定因素水平，进行四因素三水平改进响应曲面的试验。该试验因素及其水平编码表见表 9-3。

表 9-3 响应面试验因素及水平编码

因　　素	水 平 编 码		
	-1	0	1
轴向铜盘厚度 A/mm	6	8	10
轴向气隙长度 B/mm	5	10	15
径向气隙长度 C/mm	4	8	12

取时间范围 10~40ms 内目标设计点的最大输出转矩为目标函数，选取平均输出转速和复合式磁力耦合器总质量为约束函数，则该数学模型可表述为下式：

$$\begin{cases} \max F \\ -1 \leqslant x_1, x_2, x_3 \leqslant 1 \\ m \leqslant m_l \\ v \geqslant v_u \end{cases} \tag{9-29}$$

式中　F——目标设计点的最大输出转矩（即目标函数）（N·m）；

　　　m_l——质量的上限值（kg）；

　　　v_u——平均输出转速的下限值（r/min）。

1. 改进响应面模型的建立

因为本章采取了四因素三水平的改进响应面实验，所以在四个因素所组成的空间中选取样本点。采用三维磁场分析软件 Ansoft Maxwell 模拟计算并获取试验样本数据，改进响应面试验结果见表 9-4。

表 9-4 改进响应面试验设计与数据

试验号	铜导体厚度 A/mm	轴向气隙长度 B/mm	径向气隙长度 C/mm	平均输出转速 v/(r/min)	最大输出转矩 T_{max}/N·m
1	8	10	8	422	29.3
2	8	15	4	423	27.6
3	10	10	4	430	37.2
4	8	15	8	419	25.9
5	10	10	8	433	32.4
6	8	15	12	415	24.2

（续）

试验号	铜导体厚度 A/mm	轴向气隙长度 B/mm	径向气隙长度 C/mm	平均输出转速 v/(r/min)	最大输出转矩 T_{max}/N·m
7	6	5	8	440	36.8
8	6	10	12	418	28.3
9	8	5	8	437	35.7
10	8	10	12	417	29.2
11	8	10	4	420	28.3
12	6	15	4	421	26.4
13	10	5	8	441	30.2
14	6	10	8	429	31.1
15	10	5	12	425	30.7

注：输入转速 450r/min。

2. 改进响应面模型的误差分析

为了检验建立的改进响应面模型能否进行后续的优化，需要分析该模型的方差，确认拟合精度。采用本章 9.2 节中的误差分析方法检验改进响应面模型的精度，计算后得到最大输出转矩与平均输出转速的修正后的复相关系数与复相关系数见表 9-5。

表 9-5　修正后的复相关系数与复相关系数

响 应 值	R_{adj}^2	R^2
最大输出转矩 F	0.913	0.942
平均输出转速 v	0.922	0.947

由表 9-5 可知，最大输出转矩 F 与平均输出转速 v 修正后的复相关系数大于 0.9，满足工程精度的要求。

表 9-6 与表 9-7 是改进响应面模型响应值的方差分析数据。

表 9-6　最大输出转矩值的改进响应面模型方差分析表

误　差	波动平方和	自 由 度	均 方 差	F 值	P 值	显著性判断
拟合	326.54	12	27.21	15.01	0.0092	具有显著性
残差	7.25	4	1.81	—	—	—
失拟项	0.40	1	0.40	0.18	0.7024	不具有显著性

表 9-7　平均输出转速的改进响应面模型方差分析表

误　差	波动平方和	自 由 度	均 方 差	F 值	P 值	显著性判断
拟合	1256.8	10	125.68	5.68	0.0227	具有显著性
残差	132.72	6	22.12	—	—	—
失拟项	10.22	3	0.40	3.41	0.9646	不具有显著性

Design expect 是全球顶尖的实验设计软件，利用 Design expect 8.0 对表 9-4 中的数据进

行分析可得各响应值的回归方程。

（1）平均输出转速

$$v = 423.95 + 2.85A + 13.4B + 2.63C + 9.39AB - 32.41AC - 1.61BC - 11.01A^2 + 8.98B^2 - 18.36C^2$$
$$- 21.99BC^2$$

其显著性判断：$P = 0.0227 < 0.05$，具有显著性。

（2）最大转矩值

$$T_{\max} = 29.25 + 0.87A - 5.10B - 0.4C + 4.28AB - 1.03AC + 1.67BC + 2.01A^2 + 0.91B^2 + 0.19C^2 +$$
$$3.94AB^2 + 3.18AC^2 - 2.70BC^2$$

其显著性判断：$P = 0.00092 < 0.05$，具有显著性。

在最后结论中判断什么样的显著性水平具有统计学意义，不可避免地带有武断性。换句话说，认为结果无效而被拒绝接受的水平的选择具有武断性。实践中，最后的决定通常依赖于数据集比较和分析过程中结果是先验性还是仅仅为均数之间的两两>比较，依赖于总体数据集里结论一致的支持性证据的数量，依赖于以往该研究领域的惯例。通常，许多的科学领域中产生 p 值的结果≤0.05 被认为是统计学意义的边界线。

研究经过检验修正的复相关系数与显著性可知，最大输出转矩与平均输出转速的改进响应面模型满足拟合精度，具有可靠性，可进行后续优化。

3. 基于改进响应面模型的优化分析

为了更加直观地说明改进响应面模型，采用 Design expect 软件对其进行了图像分析。当影响因子 $C = 8$ 时，响应点的最大输出转矩响应面随影响因子 A 与 B 的变化如图 9-3 所示，响应点的最大输出转矩等高线随影响因子 A 与 B 的变化如图 9-4 所示。当影响因子 $B = 10$ 时，响应点的最大输出转矩响应表面随影响因子 A 与 C 的变化如图 9-5 所示，响应点的最大输出转矩等高线随影响因子 A 与 C 的变化如图 9-6 所示。当影响因子 $A = 8$ 时，响应点的最大输出转矩响应表面随影响因子 B 与 C 的变化如图 9-7 所示，响应点的最大输出转矩等高线随影响因子 B 与 C 的变化如图 9-8 所示。根据响应点的最大输出转矩响应面以及等高线图像，可直观地表达出不同影响因子时的响应与寻优方向。

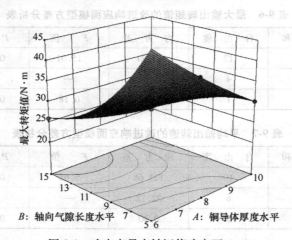

图 9-3　响应点最大转矩值响应面 $C = 8$

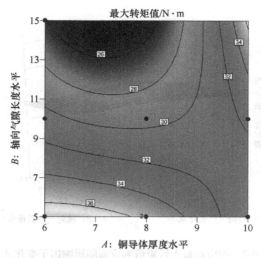

图 9-4　响应点最大转矩值等高线随影响因子变化 $C=8$

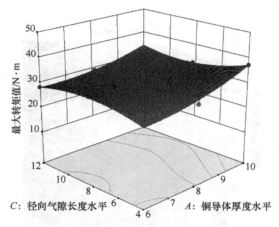

图 9-5　响应点最大转矩值响应面随影响因子变化 $B=10$

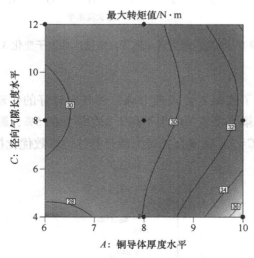

图 9-6　响应点最大转矩值等高线随影响因子变化 $B=10$

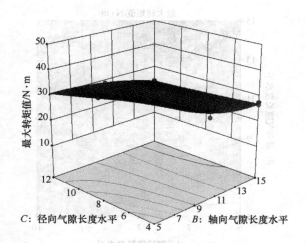

图 9-7   响应点最大转矩值响应面随影响因子变化 $A = 8$

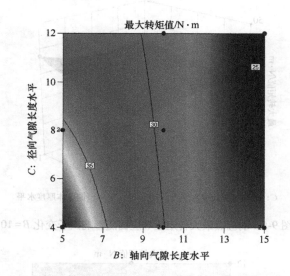

图 9-8   响应点最大转矩值等高线随影响因子变化 $A = 8$

然而实际问题中，为了确保复合式磁力耦合器具有较好的传动性能以及控制成本，因此，优化后的复合式磁力耦合器质量应当不高于原始质量的 5%，影响因子的初值为 $x_1 = x_2 = x_3 = 0$，即 $A = 8$，$B = 10$，$C = 8$。则复合式磁力耦合器结构参数优化模型为

$$\begin{cases} \max F \\ -1 \leqslant x_1, x_2, x_3 \leqslant 1 \\ \dfrac{\Delta m}{m_0} \leqslant 5\% \\ v \geqslant v_u \end{cases} \tag{9-30}$$

式（9-30）中，复合式磁力耦合器的初始质量为 m_0（kg），优化中其质量的变化量为 Δm（kg）。

改进响应面法的最优解结果为 $A = 8.9$，$B = 7.8$，$C = 9.0$，即铜导体厚度为 8.9mm，轴向气隙长度为 7.8mm，径向气隙长度为 9.0mm 时，最大转矩值约为 31.1N·m。

9.4　参数优化与验证

为获得稳定运行阶段复合式磁力耦合器的磁力传动特性，综合三个目标响应值的最大值，对复合式磁力耦合器结构参数进行优化。当铜导体厚度为 8.9mm，轴向气隙长度为 7.8mm，径向气隙长度为 9.0mm 时，最大转矩值为 31.1N·m，此时，综合评价指数达到最高值，即为 0.796。

根据优化实验参数结果，进行仿真试验验证，并且将回归模型预测值与仿真值进行对比，对比验证结果见表 9-8。

表 9-8　最优参数对比验证结果

评 价 指 标	预测值	仿真值	两者之间误差
最大转矩值/N·m	31.1	32.4	3.9%

由表 9-8 可知，误差仅为 3.9%，基本验证了回归模型以及优化结果的准确性。

设定输入转速为 450r/min，对优化后的复合式磁力耦合器进行三维磁场仿真分析，得到优化前后复合式磁力耦合器的磁通密度分布云图，如图 9-9 与图 9-10 所示。将图 9-9 与图 9-10 进行比较可知，同一输入转速时，优化后的磁力线分布更密集，且磁通密度的最大值约为优化前磁通密度的 5.067 倍。

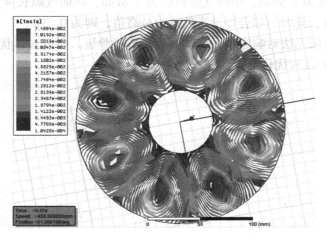

图 9-9　优化前

Time—时间　Speed—转速　Position—方位　rpm—r/min　deg—(°)

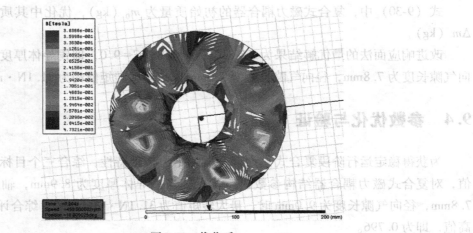

图 9-10　优化后

Time—时间　Speed—转速　Position—方位　rpm—r/min　deg—(°)

9.5　本章小结

复合式磁力耦合器磁力传动特性与自身结构参数密切相关，可通过优化复合式磁力耦合器自身结构参数提高磁力传动能力。本章在传统优化方法的基础上，研究了复合式磁力耦合器的结构布局与参数优化，具体研究内容如下：

1）为了克服原有响应面方法在中心设计点拟合值不精确的缺陷，在综合前人研究的基础上，提出了一种新的通过中心展开点的改进响应面模型，并基于该模型对复合式磁力耦合器的磁力传动特性与结构参数进行优化研究。

2）基于单因素仿真结果，利用 Design Expect 8.0 软件进行四因素三水平的响应面优化试验，当铜导体厚度为 8.9mm，轴向气隙长度为 7.8mm，径向气隙长度为 9.0mm 时，最大转矩值为 31.1N·m，此时，综合评价指数达到最高值，即为 0.796。

3）基于三维有限元法对响应面优化试验结果进行验证，研究显示优化后的复合式磁力耦合器磁场的磁通密度较优化前提高了 5.067 倍。

第 10 章

基于永磁—热耦合有限元分析的复合式磁力耦合器性能研究

目前，磁力耦合器的研究方向是利用三维有限元法进行结构布局、参数优化以及性能分析，然而忽略了温度场与热场等多物理场的耦合影响，计算分析结果与实测值之间误差较大，因此，针对复合式磁力耦合器在三维磁场仿真中涡流热量对输出转矩计算的影响，提出了一种基于永磁—热耦合场的三维有限元分析方法，应用 Ansoft Maxwell 与 Ansys Workbench 软件搭建永磁—热耦合模型，分析涡流热量对铜导体与永磁体性能的影响，将涡流产生的热功率作为热源载荷依次导入 Transient Thermal 模块的温度场，再将温度场的仿真结果修正复合式磁力耦合器的性能参数，最终进行三维磁场仿真，计算出输出转矩，并在第 11 章将仿真结果与实测数据对比分析。

10.1 永磁—热耦合仿真模块搭建与温度场仿真

10.1.1 导热微分方程

从导热物体中任意取一个微元平行六面体来做该微元体收支平衡的分析，如图 10-1 所示。设物体中有内热源，其值为 Φ，它代表单位时间内单位体积中产生或消耗的热能（产生取正，消耗为负），假定导热物体的热物理性质是温度的函数。

由三个微元表面而导入微元体的热流量可根据 Fourier 定律写出为

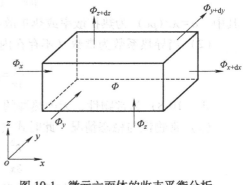

图 10-1 微元六面体的收支平衡分析

$$\left.\begin{aligned}
(\Phi_x)_x &= -\lambda \left(\frac{\partial t}{\partial x} \right)_x \mathrm{d}y\mathrm{d}z \\
(\Phi_y)_y &= -\lambda \left(\frac{\partial t}{\partial y} \right)_y \mathrm{d}x\mathrm{d}z \\
(\Phi_z)_z &= -\lambda \left(\frac{\partial t}{\partial z} \right)_z \mathrm{d}x\mathrm{d}y
\end{aligned}\right\} \qquad (10\text{-}1)$$

式中 $(\Phi_x)_x$——热流量在 x 方向的分量在 x 点的数值，其余以此类推；

λ——导热系数。

则通过空间中三个表面（$x = x + \mathrm{d}x$，$y = y + \mathrm{d}y$，$z = z + \mathrm{d}z$），而导出微元体的热量可按照 Fourier 定律表示为

$$(\Phi_x)_{x+dx} = (\Phi_x)_x + \frac{\partial \Phi_x}{\partial x}dx = (\Phi_x)_x + \frac{\partial}{\partial x}\left[-\lambda\left(\frac{\partial t}{\partial x}\right)_x dydz\right]dx$$

$$(\Phi_y)_{y+dy} = (\Phi_y)_y + \frac{\partial \Phi_y}{\partial y}dy = (\Phi_y)_y + \frac{\partial}{\partial y}\left[-\lambda\left(\frac{\partial t}{\partial y}\right)_y dxdz\right]dy \qquad (10\text{-}2)$$

$$(\Phi_z)_{z+dz} = (\Phi_z)_z + \frac{\partial \Phi_z}{\partial z}dz = (\Phi_z)_z + \frac{\partial}{\partial z}\left[-\lambda\left(\frac{\partial t}{\partial z}\right)_z dxdy\right]dz$$

取微元体为研究对象，根据能量守恒定律，则在任一时刻内以下热平衡关系均成立：

$$\text{导入微元体的总热流量} + \text{微元体内热源的生成热} =$$
$$\text{导出微元体的总热流量} + \text{微元体热力学（即内能）的增量} \qquad (10\text{-}3)$$

式（10-3）中其余项的数学式为

$$\text{微元体热力学能的增量} = \rho c\frac{\partial t}{\partial \tau}dxdydz \qquad (10\text{-}4)$$

$$\text{微元体内热源的生成热} = \dot{\Phi}dxdydz \qquad (10\text{-}5)$$

式（10-3）～式（10-5）中，ρ、c、$\dot{\Phi}$ 以及 τ 依次为微元体的密度、比热容、单位时间单位体积内热源的热量与时间，t 为温度。

再将式（10-1）、式（10-2）、式（10-4）、式（10-5）代入式（10-3），整理后可得

$$\rho c\frac{\partial t}{\partial \tau} = \frac{\partial}{\partial x}\left(\lambda\frac{\partial t}{\partial x}\right) + \frac{\partial}{\partial y}\left(\lambda\frac{\partial t}{\partial y}\right) + \frac{\partial}{\partial z}\left(\lambda\frac{\partial t}{\partial z}\right) + \dot{\Phi} \qquad (10\text{-}6)$$

式（10-6）为笛卡儿坐标系中三维非稳态导热微分方程的一般形式，其中 ρ、c、$\dot{\Phi}$ 以及 λ 可为变量。针对具体情况对式（10-6）进行相应简化后，可以得出：

（1）当导热系数为常数时　将式（10-6）化为

$$\frac{\partial t}{\partial \tau} = a\left(\frac{\partial^2 t}{\partial x^2} + \frac{\partial^2 t}{\partial y^2} + \frac{\partial^2 t}{\partial z^2}\right) + \frac{\dot{\Phi}}{\rho c} \qquad (10\text{-}7)$$

其中，$a = \lambda/(\rho c)$ 为热扩散率或热扩散系数。

（2）当导热系数为常数（不存在内热源）　此时式（10-6）化为

$$\frac{\partial t}{\partial \tau} = a\left(\frac{\partial^2 t}{\partial x^2} + \frac{\partial^2 t}{\partial y^2} + \frac{\partial^2 t}{\partial z^2}\right) \qquad (10\text{-}8)$$

式（10-8）为常物性、无内热源的三维非稳态导热微分方程。

（3）常物性与稳态情况　此时式（10-6）化为

$$\frac{\partial^2 t}{\partial x^2} + \frac{\partial^2 t}{\partial y^2} + \frac{\partial^2 t}{\partial z^2} + \frac{\dot{\Phi}}{\lambda} = 0 \qquad (10\text{-}9)$$

（4）常物性、稳态情况与无内热源情况　此时式（10-6）化为

$$\frac{\partial^2 t}{\partial x^2} + \frac{\partial^2 t}{\partial y^2} + \frac{\partial^2 t}{\partial z^2} = 0 \qquad (10\text{-}10)$$

10.1.2　建立温度场的数学模型

对复合式磁力耦合器的温度场进行分析，铜导体盘产生的涡流热量主要为热传导与热对流。则热传导根据 Fourier 定律表示为

$$q_v = -\lambda_{nm}\frac{\partial T}{\partial n} \tag{10-11}$$

式中　q_v——热流密度（W/m²）；

　　　λ_{nm}——热导率（W/(m·K)）；

　　$\partial T/\partial n$——沿热流方向的温度梯度。

将导热面积忽略，对有限元分析的单元体应用热力学第一定律，则有

$$\frac{\partial}{\partial x}\left(\lambda_{xx}\frac{\partial T}{\partial x}\right) + \frac{\partial}{\partial x}\left(\lambda_{yy}\frac{\partial T}{\partial y}\right) + \frac{\partial}{\partial x}\left(\lambda_{zz}\frac{\partial T}{\partial z}\right) + q = \rho c\frac{dT}{dt} \tag{10-12}$$

式中　T——复合式磁力耦合器的涡流温度。

考虑传热的稳态性，当求解温度的唯一解时需给出边界条件，而主要的边界条件是已知的换热系数、均匀的温度分布以及恒定的换热量。

根据已建立的模型与设定的边界条件，则有

$$\begin{cases} \dfrac{\partial}{\partial x}\left(\lambda_{xx}\dfrac{\partial T}{\partial x}\right) + \dfrac{\partial}{\partial x}\left(\lambda_{yy}\dfrac{\partial T}{\partial y}\right) + \dfrac{\partial}{\partial x}\left(\lambda_{zz}\dfrac{\partial T}{\partial z}\right) = -q \\ T\big|_\Gamma = T_0 \\ -\lambda\dfrac{\partial T}{\partial n}\bigg|_\Gamma = q_0 \\ -\lambda\dfrac{\partial T}{\partial n}\bigg|_\Gamma = \alpha(T - T_f) \end{cases} \tag{10-13}$$

式中　Γ——模型边界，方向为逆时针；

　　　T_0——已知表面温度（℃）；

　　　q_0——已知热流温度（W/m²）；

　　　α——换热系数；

　　　T_f——已知表面温度（℃）。

将式（10-12）进行等价变分为

$$J(T) = \iiint \frac{1}{2}\left[\lambda_{xx}\left(\frac{\partial T}{\partial x}\right)^2 + \lambda_{yy}\left(\frac{\partial T}{\partial y}\right)^2 + \lambda_{zz}\left(\frac{\partial T}{\partial z}\right)^2 - q_v\right]dV -$$
$$\iint q_0 T dS + \iint \frac{\alpha}{2}(T^2 - 2T_f T)dS \tag{10-14}$$

式中　V——模型的求解域；

　　　S——V的边界。

将整个求解域剖分为共计 n_e 个微元，则式（10-14）可表示为

$$J(T) = \sum_{e=1}^{n_e} J^e(T) \tag{10-15}$$

当 J 取极值时，可得到如下的矩阵：

$$[\lambda_T][T] = [Q] \tag{10-16}$$

式中　$[T]$——求解域内所有单元节点组成的温度矩阵，求解出各个单元节点的温度值后即可求出复合式磁力耦合器温度场分布。

10.2 永磁—热耦合分析流程

10.2.1 联合仿真平台搭建

复合式磁力耦合器的永磁—热耦合的联合仿真流程图如图 10-2 所示。首先对复合式磁力耦合器进行三维建模，再将三维模型导入至 Ansoft Maxwell 进行磁场仿真计算，计算出预设转速差下的涡流损耗功率，随后以此为热源载荷导入至 Mechanical 瞬态热分析模块，再按照一般有限元热分析步骤分析，最终即可得出复合式磁力耦合器的温度分布。

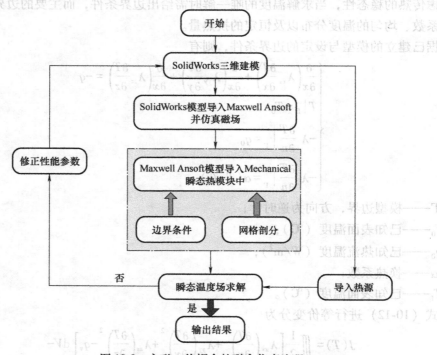

图 10-2 永磁—热耦合的联合仿真流程

复合式磁力耦合器永磁—热模块耦合示意图如图 10-3、图 10-4 所示，采用 Ansys Mechanical 软件平台搭建磁场—温度场的耦合模块，将永磁磁场仿真的三维模型与热源载荷导入至温度场中进行求解。

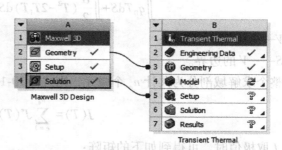

图 10-3 永磁—热耦合的联合仿真模块设置
Maxwell 3D Design—麦克斯韦三维设计 Geometry—几何模型
Setup—设置 Solution—解决方案 Transient Thermal—瞬态热分析
Engineering Data—材料库 Model—模型 Results—结果

图 10-4　永磁—热耦合的联合仿真网格划分

10.2.2　联合仿真参数设置

温度场有限元仿真分析需要设置的参数如下：密度、热传导系数以及比热容。在分析中，实体包括以下：铜导体盘、永磁体、永磁转子（铝盘）、轭铁以及磁轭等部分。表 10-1 列举了复合式磁力耦合器实体的材料属性。

表 10-1　复合式磁力耦合器实体的材料属性

实　体	材　料	密度/(kg/m³)	20℃时导热系数/[W/(m·℃)]	27℃时比热容/[J/(kg·℃)]
导体盘	铜	8900	401	386
永磁体	钕铁硼	7600	8	504
铝盘	铝	2700	237	90.6
轭铁	45 钢	7800	51	499
气隙	空气	1.29	4	1004
磁轭	A3	7850	48	473

10.2.3　表面传热系数确定

根据实际工况，对于复合式磁力耦合器的模型采用安装散热片空气冷却的方式，且假设环境温度恒定，涡流产生的热量可通过模型与空气接触的表面散热，故复合式磁力耦合器的表面传热系数与导体盘永磁体盘的表面温度、空气的温度以及空气的流速有关。当计算温度场时，假设空气的温度为恒定，并且为复合式磁力耦合器的工作环境设置空气包，该空气包的边界设置为自然对流，而导体盘、永磁体盘以及空气换热系数参见下式：

$$\alpha = \alpha_0(1 + k\sqrt{v}) \tag{10-17}$$

式中　α_0——物体在静止空气中的表面传热系数；

v——物体表面空气流速（m/s）；

k——气体吹拂效率的系数。

永磁体盘与铜导体盘、永磁体盘与轭铁盘属于固体接触传热，此导热系数已经设置，无需对固体接触进行边界设定，同时忽略温度对材料导热系数的影响。

10.2.4 温度场载荷分布及计算结果

温度场中的热源来自复合式磁力耦合器永磁磁场中计算铜导体盘的涡流损耗，生热率公式为

$$q = \frac{P_s}{V_{cu}} \tag{10-18}$$

式中　P_s——涡流损耗功率（kW）；

V_{cu}——铜盘体积（m³）。

将永磁磁场内产生的涡流损耗作为热源导入至温度场仿真，如图 10-5 所示为转速差为 450r/min 时，复合式磁力耦合器永磁磁场涡流功率的仿真结果，轴向最大涡流功率为 $3.805×10^6$ A/m²，径向最大涡流功率为 $6.17×10^6$ A/m²。

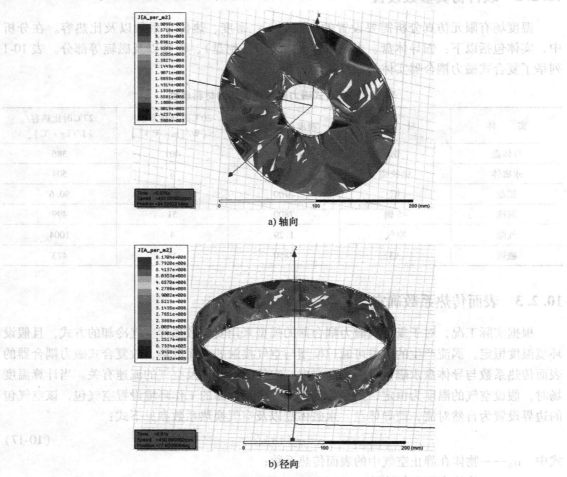

a) 轴向

b) 径向

图 10-5　铜导体涡流损耗

[A_per_m2]—A/m²

　　将图 10-5 中的涡流损耗导入温度场，则铜导体盘温度场的热能量密度分布如图 10-6 所示。轴向气隙分别为 5mm、10mm、15mm、20mm、25mm、30mm 时，轴向铜导体导入的热能量密度最大值依次为 $9.32 \times 10^{-4} \, \mathrm{W/mm^2}$、$8.41 \times 10^{-4} \, \mathrm{W/mm^2}$、$7.25 \times 10^{-4} \, \mathrm{W/mm^2}$、$6.13 \times 10^{-4} \, \mathrm{W/mm^2}$、$4.08 \times 10^{-4} \, \mathrm{W/mm^2}$；径向气隙分别为 4mm、6mm、8mm、10mm、12mm 时，径向铜导体导入的热能量密度最大值依次为 $6.75 \times 10^{-4} \, \mathrm{W/mm^2}$、$5.31 \times 10^{-4} \, \mathrm{W/mm^2}$、$4.22 \times 10^{-4} \, \mathrm{W/mm^2}$、$3.57 \times 10^{-4} \, \mathrm{W/mm^2}$、$2.67 \times 10^{-4} \, \mathrm{W/mm^2}$。

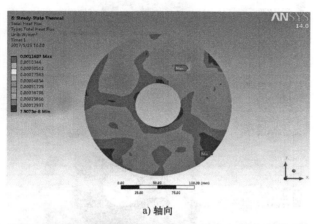

a) 轴向

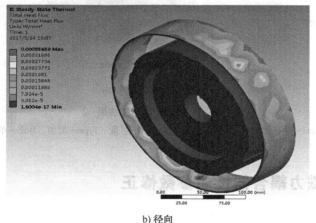

b) 径向

图 10-6　铜导体热能量密度分布

Steady-State Thermal—稳态热分析　Total Heat Flux—总热通量

Type—类型　Unit—单位　Time—时间

　　转速差取 450r/min，轴向气隙为 20mm、径向气隙为 10mm 时温度仿真结果如图 10-7 所示。铜导体的最高温度出现在涡流密度最大值的区域，由于气隙作为传热介质，热量传递给永磁体，永磁体的最高温度区域与铜导体的最高温度区域相对应。轴向永磁体的最高温度为 32.045℃，径向永磁体的最高温度为 51.823℃。

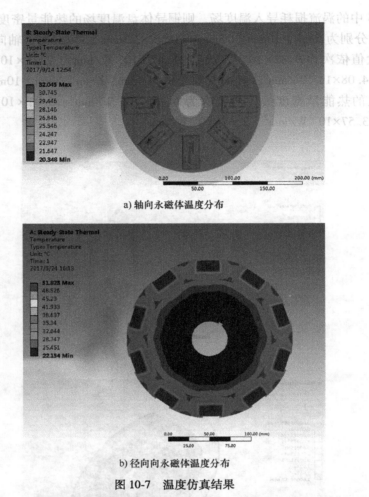

a) 轴向永磁体温度分布

b) 径向向永磁体温度分布

图 10-7　温度仿真结果

Steady-State Thermal—稳态热分析　Total Heat Flux—总热通量　Type—类型　Unit—单位　Time—时间

10.3　复合式磁力耦合器性能参数修正

10.3.1　温度对复合式磁力耦合器铜导体电导率的影响

金属的电导率很大程度上由周围环境的温度决定，数值上随温度的升高而降低。在某温度值域内，电导率被近似视为与温度成正比。一般温度下电导率可用如下公式测得：

$$\sigma(T) = \frac{\sigma_0}{1+\alpha(T-T_0)} \tag{10-19}$$

式中　σ——某一温度（℃）下的电导率（S/m）；

σ_0——标准温度（℃）下的电导率（S/m）；

α——材料的温度补偿斜率；

T_0——标准温度（℃）。

复合式磁力耦合器的铜导体选用的材料为退火铜材料，在标准温度（20℃）下，该材料的电导率约为 $58.0×10^6S/m$，而温度补偿斜率约为 $0.0038/℃$。

10.3.2　温度对复合式磁力耦合器永磁体性能的影响

永磁材料受环境温度变化而造成性能参数的改变，即为永磁材料的热稳定性。温度系数 α_{Br} 可用来表示永磁材料的剩磁感应强度随温度可逆变化的情况。

$$\alpha_{Br}=\frac{B_1-B_0}{B_0(T_1-T_0)}×100\%　　　　　　　（10-20）$$

式（10-18）中，B_0、B_1 依次为 T_0、T_1 时刻所测得的剩磁感应强度（T）。α_{Hcj} 为永磁材料的内禀矫顽力随温度可逆变化系数。

$$\alpha_{Hcj}=\frac{H_{cj}-H'_{cj}}{H'_{cj}(T_1-T_0)}×100\%　　　　　　　（10-21）$$

式（10-21）中，H_{cj}、H'_{cj} 依次为 T_0、T_1 时刻所测得的内禀矫顽力（A/m）。

通常情况下，铷铁硼材料的工作温度需低于80℃，该材料的剩余磁感应强度与内禀矫顽力依次为 1.23T 与 $-890kA/m$，而剩余磁感应强度的温度系数 $\alpha_{Br}\leqslant-0.13\%K^{-1}$，内禀矫顽力的温度系数 $\alpha_{Hcj}\leqslant-0.6\%K^{-1}$。

10.3.3　性能参数修正

通过联合仿真，对复合式磁力耦合器铜导体（径向、轴向）以及永磁体的性能曲线进行修正。其中，当轴向气隙为 8mm，径向气隙为 9mm 时，复合式磁力耦合器转速差与铜导体（径向、轴向）及永磁体平均温度的拟合曲线如图 10-8 所示；当转速差为 450r/min，径向气隙为 10mm 时复合式磁力耦合器气隙与铜导体（径向、轴向）及永磁体平均温度的拟合曲线如图 10-9 所示。

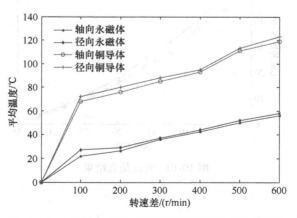

图 10-8　转差与永磁体及铜导体的平均温度拟合曲线

分析图 10-8 可以得出转速差对永磁体与铜导体温度的影响，即随着转速差增大，铜导体内的涡流增加，因此，铜导体产生的温度随之增加，而铜导体产生的热量经过气隙传递至永磁体表面，故铜导体的温度大于永磁体的温度，这与实际情况相吻合；由于径向气隙长度大于轴向气隙长度，故轴向永磁体的温度略小于径向永磁体的温度，轴向铜导体的温度略小于径向铜导体的温度。

分析图 10-9 可知气隙对轴向永磁体及铜导体的影响，即在复合式磁力耦合器的等效磁路中，感应磁场与永磁体是磁源，由于气隙与永磁体的磁阻大于轭铁的磁阻，因此磁通势主要消耗于永磁体与气隙的磁阻上，一旦气隙增大，则消耗在气隙磁阻上的磁通密度增加，导致铜导体的涡流减小，因此铜导体与永磁体的温度降低。

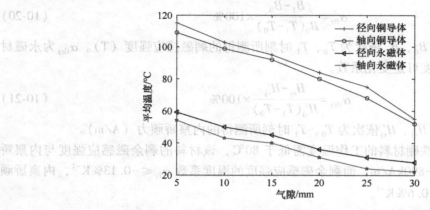

图 10-9　气隙与轴向永磁体及铜导体的平均温度拟合曲线

图 10-10 所示分别为复合式磁力耦合器通过磁场仿真与永磁—热耦合有限元分析计算的输出转矩曲线对比情况。永磁—热耦合仿真值小于磁场仿真值，究其原因是由于理想状态下的磁场仿真忽略了温度对铜盘电导率和永磁体剩磁以及矫顽力性能参数的影响。

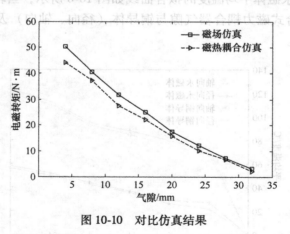

图 10-10　对比仿真结果

10.4　本章小结

由于复合式磁力耦合器在三维磁场仿真中忽略了涡流效应对输出转矩的影响，本章提出了一种基于永磁—热耦合场的联合有限元分析方法，研究复合式磁力耦合器在多场耦合作用下的涡流效应与温度分布，并基于此对复合式磁力耦合器的性能参数进行修正。具体研究内容如下：

1）搭建了多场耦合作用下三维仿真平台，首先对复合式磁力耦合器进行三维建模，再将三维模型导入 Ansoft Maxwell 进行磁场仿真计算，计算出预设转速差下的涡流损耗功率，随后以此为热源载荷导入至 Mechanical 瞬态热分析模块，再按照一般有限元热分析步骤分析，最终可得出复合式磁力耦合器的温度分布。

2）多场耦合仿真结果显示：

① 轴向铜导体的最高温度出现在涡流密度最大值的区域，由于气隙作为传热介质，热量传递给永磁体，永磁体的最高温度区域与铜导体的最高温度区域相对应。

② 随着转速差增大，铜导体内的涡流增加，因此铜导体产生的温度随之增加，而铜导体产生的热量经过气隙传递至永磁体表面，故铜导体的温度大于永磁体的温度，这与实际情况相吻合。

③ 一旦气隙增大，则消耗在气隙磁阻上的磁通密度增加，导致铜导体的涡流减小，因此铜导体与永磁体的温度降低。

3）对比磁场仿真与永磁—热耦合仿真结果可知，由于理想状态下的磁场仿真忽略了温度对铜盘电导率和永磁体剩磁以及矫顽力性能参数的影响，因此磁场仿真值大于磁热耦合仿真值。

多场耦合下复合式磁力耦合器
试验研究与特性测试

第 11 章　多场耦合下复合式磁力耦合器试验研究与特性测试

为了更好地分析复合式磁力耦合器的机械特性、永磁—热耦合机理以及磁力传动特性，自行设计了复合式磁力耦合器动态测试试验台。本章首先对复合式磁力耦合器动态测试系统与测试方法进行了介绍，采用 YH-502 型动态转矩传感器测试系统对复合式磁力耦合器输出转矩脉动进行检测，利用温度检测仪测量复合式磁力耦合器稳态与起动过程中的瞬时温度波动，结合试验结果依次对第 2 章所提出的漏磁效应、第 4 章所提出的改进响应面优化法以及第 5 章所提出的磁热耦合分析方法进行验证。

11.1　试验的目的及意义

为了验证第 7 章~第 10 章中数值计算方法的准确性，并深入研究复合式磁力耦合器的机械特性、永磁—热耦合机理以及磁力传动特性，进行复合式磁力耦合器的动态测试显得极为重要。本次试验是对复合式磁力耦合器的机械特性、永磁—热耦合机理及磁力传动特性进行研究，可为复合式磁力耦合器的永磁—热耦合场求解与性能预测提供数据参考，为复合式磁力耦合器的实际应用及设计等工程问题提供有价值的参考。

11.2　试验系统的搭建

11.2.1　硬件系统

复合式磁力耦合器试验测试平台主要由四部分构成，输入电动机、复合式磁力耦合器试验样机、测试系统及负载电机，试验台示意图以及实物照片分别如图 11-1 与图 11-2 所示。

输入电动机为 YE2-90S-4 三相异步交流电动机（额定转速 1400r/m），变频器（频率范围 10~50Hz），由于输入电动机起动时，瞬间的电流冲击过大，采用变频器起动。负载电机为 YE2-80L-4 型负载电机，利用 UX-52 型数显调速器调节负载电机的转速。

11.2.2　试验测量参数采集系统

利用 LabVIEW 软件开发的测试系统作为此次试验测试的参数采集系统，如图 11-3 所示。该系统主要包括 YH-502 型动态转矩传感器（北京余航仪表科技有限公司。量程范围：0~500N·m，精度：0.5%），ABSD-01A 非接触式红外测温仪（测温范围：0~200℃，输出信号：4~20mA）。WT-10A 数显高斯计（量程：0~2000mT），MS6208B 非接触式数显测速仪。

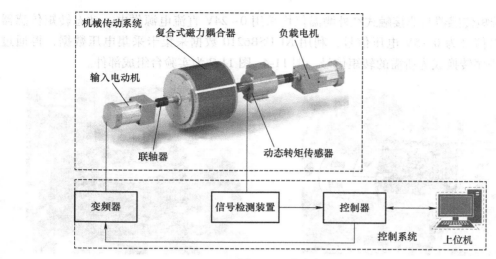

图 11-1　试验台

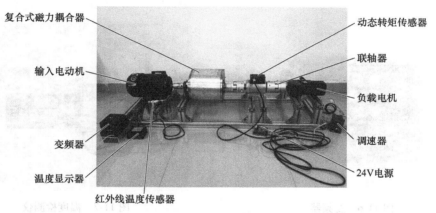

图 11-2　试验台实物

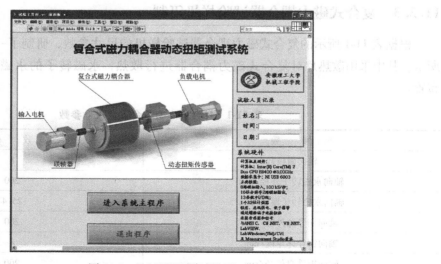

图 11-3　LabVIEW 测试界面

动态转矩传感器与非接触式红外测温仪均采用 0~24V 直流电源供电，动态转矩传感器的原始输出信号为 0~5V 电压信号，利用 NI USB6210 数据采集卡采集电压数据，再通过 LabVIEW 程序转换成为所需的转矩信号。图 11-4~图 11-7 为实验台组成部件。

图 11-4　动态转矩传感器

图 11-5　三相异步交流电动机

图 11-6　变频器

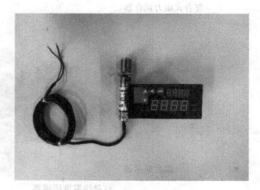

图 11-7　温度检测仪

11.2.3　复合式磁力耦合器试验样机研制

根据表 11-1 所示的复合式磁力耦合器试验样机的尺寸参数，研制了一台样机，如图 11-8 所示。其中采用散热片对复合式磁力耦合器进行散热，永磁转子的永磁体按照 N/S 极间隔布置。

表 11-1　复合式磁力耦合器的尺寸参数

参　　数	数　　值
轴向磁极数	8
轴向永磁转子外径/mm	200
轴向永磁转子厚度/mm	25.4
轴向铜导体外径/mm	200
轴向铜导体厚度/mm	8
轴向轭铁盘外径/mm	200

（续）

参　　数	数　　值
轴向轭铁盘厚度/mm	10
径向磁极数	10
径向永磁转子厚度/mm	25.4
径向永磁转子直径/mm	200
永磁体尺寸/mm	50.8×25.4×12.7

图 11-8　试验样机

11.3　试验方法及内容

试验台中，输入电动机采用变频器控制转速，负载电机采用调速器控制转速，动态转矩传感器可对试验样机的输出转矩以及转速进行实时监测，其测量范围为：$0 \sim 500N \cdot m$，$0 \sim 6000r/min$。

11.3.1　三维度漏磁损耗效应的验证试验

试验时将利用弹性联轴器将试验样机的输出轴与转矩传感器的一端联接，将转矩传感器的另一端与负载电机连接，使其与负载电机同步旋转。

通过变频器控制输入电机的转速，使其提供 $50 \sim 450r/min$ 的转速，所输入的转速可以通过测速仪测量。由于负载电机与复合式磁力耦合器样机同步旋转，因此试验样机的输出转矩即为转矩传感器的显示读数。

首先起动输入电动机，逐步改变输入电动机的转速，由转矩传感器读取试验样机的输出转矩及转速并进行记录。利用非接触式转速仪测试每次改变输入电动机转速后试验样机的输出转速稳定后的转速值。

在三维度漏磁损耗效应的验证试验中，将考虑三维度漏磁损耗效应的输出转矩计算值与忽略三维度漏磁损耗效应的计算值、试验值进行对比验证。

　　根据式（8-30）计算考虑漏磁效应的复合式磁力耦合器输出转矩，根据文献计算出忽略漏磁效应的复合式磁力耦合器输出转矩，即可得出图11-9所示的对比关系曲线图。

　　图11-9为忽略漏磁效应的计算值、考虑漏磁效应的计算值与试验值所得出的输出转矩曲线对比情况。图11-9a中，随着轴向气隙的逐渐减小，忽略漏磁效应的计算值与试验值之间的差值越来越大，与试验结果相比误差约为13.8%；而考虑漏磁效应的计算值与试验值之间的误差较小，与试验结果相比误差约为5.6%。

　　图11-9b中，随着转差率的逐渐增加，忽略漏磁效应的计算值与试验值之间的差值越来越大，与试验结果相比误差约为19.6%；而考虑漏磁效应的计算值与试验值之间的误差较小，与试验结果相比误差仅为7.5%。

　　综上所述，考虑漏磁效应的复合式磁力耦合器等效网络建模能较好地模拟实际情况，达到了运用简单磁路公式快速准确分析该种复杂结构磁力耦合器漏磁的目的。而传统三维有限元方法计算漏磁系数时，需耗费大量的建模及计算时间，所以该研究也为高效进行复合式磁力耦合器的设计与研究提供了理论依据。

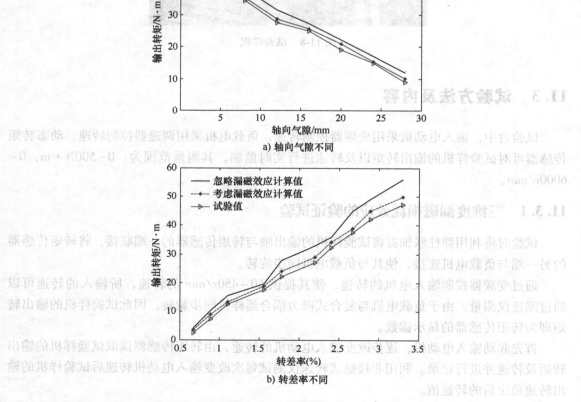

a) 轴向气隙不同

b) 转差率不同

图11-9　对比曲线

11.3.2　改进响应面优化的验证试验

采用 11.3.1 节中相同的试验方法对改进响应面优化法进行试验验证。

根据第 9 章改进响应面优化法得出的结论,将优化后的复合式磁力耦合器仿真值与试验值进行对比,则图 11-10、图 11-11 所示分别为转矩、平均转速对比图。当系统达到稳定运行阶段后,图 11-10 显示优化后的转矩值与试验转矩值误差最大为 11.9%,图 11-11 显示优化后的平均转速值与试验平均转速值误差最大为 5.3%,两者曲线形态大致相同,但仿真值较大,究其原因是实际系统存在波动和摩擦等大量非线性和不确定因素,基本验证了改进响应面优化法的正确性。

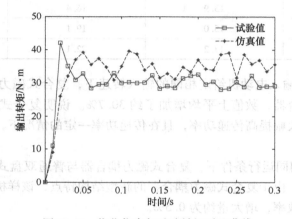

图 11-10　优化仿真与试验转矩对比曲线

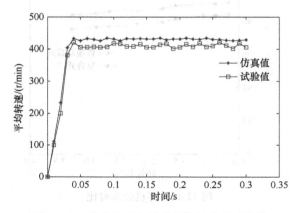

图 11-11　优化仿真与试验平均转速对比曲线

11.3.3　复合式磁力耦合器磁力传动特性试验

采用 11.3.1 节中相同的试验方法对复合式磁力耦合器的磁力传动特性进行试验测试。给定相同的输入电动机转速,将同样体积及尺寸的复合式磁力耦合器与普通双盘式磁力耦合器进行对比试验,得到相应的输出转矩,见表 11-2。

表 11-2　复合式/普通双盘式磁力耦合器输出转矩试验对比数据

输入电动机转速/(r/min)	普通双盘式/N·m	复合式/N·m	增加率（%）
335	4.4	6.3	43
340	5.1	7.6	49
360	6.8	8.7	28
365	8.2	12.4	51
380	11.3	13.6	20
385	12.0	14.6	22
390	12.7	15.2	20
420	13.9	16.4	18
430	15.0	19.1	27
450	17.2	22.1	28

　　由表 11-2 知：当输入电动机给定相同的输入转速下，复合式磁力耦合器产生的转矩大于普通双盘式磁力耦合器，数值上平均增加了约 30.7%。说明复合式磁力耦合器同等体积或尺寸的情况下，可大幅提高传递功率，且在传递功率一定的情况下，可缩小耦合器体积和尺寸，减少占用空间。

　　图 11-12 所示为相同运行条件下，复合式磁力耦合器与普通双盘式磁力耦合器的样机效率对比图。分析可知，由于复合式磁力耦合器的新型结构特点，该样机效率略大于普通双盘式磁力耦合器的样机效率，增大量约为 0.5%。

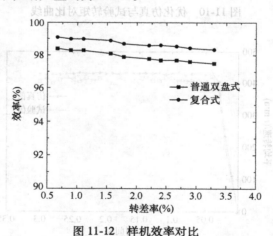

图 11-12　样机效率对比

11.3.4　复合式磁力耦合器机械特性以及过载保护特性试验

　　试验时将利用弹性联轴器将试验样机的输出轴与转矩传感器的一端连接，将转矩传感器的另一端与负载电机连接，使其与负载电机同步旋转。为方便分析数据，通过调速器将负载电机的转速恒定为 450r/min。

　　通过变频器控制输入电动机的转速，使其提供 50~450r/min 的转速，所输入的转速可以通过测速仪测量。由于负载电机与复合式磁力耦合器样机同步旋转，因此试验样机的输出转矩即为转矩传感器的显示读数。

首先空载起动负载电机使其进入平稳运行阶段，然后再起动输入电动机，逐步改变输入电动机的转速，由转矩传感器读取试验样机的输出转矩及转速并进行记录。利用非接触式转速仪测试每次改变输入电动机转速后试验样机的输出转速稳定后的转速值。

1. 复合式磁力耦合器的机械特性

根据式（8-12）计算试验样机的永磁体转子与铜导体转子的转差率，即可得出表 11-3 所示的复合式磁力耦合器输出转矩与转差率的关系。

表 11-3 中，输入转矩以 5N·m 步长逐步增加，由于负载电机的额定转矩约为 45N·m，故可设定输入电动机的最大转矩为 47.2N·m（相当于负载电机过载 5%）。

表 11-3　试验数据表

输入电动机的 输入转矩/N·m	复合式磁力耦合器的 输出转速/(r/min)	负载电机的转速/ (r/min)	转差率 （%）
2.4	447	450	0.67
7.4	446	450	0.89
12.6	445	450	1.1
17.6	443	450	1.56
22.2	442	450	1.78
27.1	440	450	2.2
32.3	439	450	2.4
37.5	438	450	2.67
42.1	437	450	2.89
47.2	435	450	3.3

由表 11-3 可知：当输入电动机的输入转矩逐步增大时，输出转速逐渐减小；输入转矩每增大 5N·m，复合式磁力耦合器的转差率大约增加 0.22%，即说明转差率与复合式磁力耦合器试验样机的输入转矩基本呈线性关系。

由表 11-3 还可知，输入转矩从 0 加载至 47.2N·m 的过程中，复合式磁力耦合器的转差率变化范围为：0%~3.3%，满足一般机械加工中对动力输出转速相对固定的要求。但当达到额定负载时，负载电机的转差率约为 1.9%，而复合式磁力耦合器的转差率为 3.3%，约为其 1.74 倍，说明复合式磁力耦合器的机械特性较软。若将复合式磁力耦合器安装在掘进机截割部，可以柔性起动并有效减小掘进机起动时的冲击振动。

2. 复合式磁力耦合器的过载保护特性

表 11-3 中，当输入电动机加载至最大试验转矩 47.2N·m 时，复合式磁力耦合器的转差率为 3.3%，相当于增加了额定负载对应的转差率的 10%，仍在转差率线性区域内运行，说明复合式磁力耦合器具有较强的过载能力，可在矿山机械重载工作时提供保护。

11.3.5　永磁—热耦合试验

图 11-13 所示为复合式磁力耦合器的温度测试示意图，图 11-14 所示为总涡流损耗功率

计算值（10.2.4 节）与试验值对比图，当试验样机的转速差在 250r/min 以下时，总涡流损耗的计算值与试验值基本均呈线性增大，且两者较为接近，最大误差为 8.5%，转速差大于 250r/min 时，两者误差最大为 10.6%，基本验证了本文模型的正确性。温度采用红外测温仪进行测量。

图 11-13   温度测试

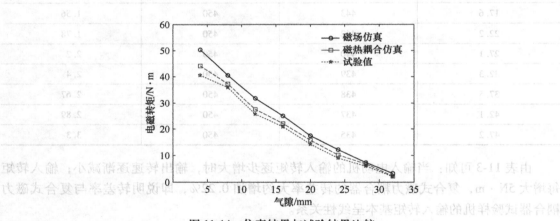

图 11-14   仿真结果与试验结果比较

当复合式磁力耦合器正常工作时，温升较小，然而一旦当负载过大，系统发生堵转，复合式磁力耦合器的温度上升较快。为了能够对输入电动机起到过载保护以及对复合式磁力耦合器实现过热保护，必须掌握负载电机堵转时复合式磁力耦合器的温升特性。

首先将复合式磁力耦合器空载起动，随后起动负载电机并逐渐增大至额定功率，待复合式磁力耦合器的温度达到稳定后，立即将系统堵转，使复合式磁力耦合器过载，并记录温升情况与输入电动机的转速，当复合式磁力耦合器的温度超过 120℃ 时切断电源。

从图 11-15 中可以看出，当复合式磁力耦合器发生堵转时，复合式磁力耦合器的温度在 50s 内就超过了 100℃，并且温度与时间基本呈线性关系。因此，可根据此温升特性设计堵转保护方法，一旦温度达到预先设定的阈值时，切断电源，从而使复合式磁力耦合器停止传递动力。该堵转保护方法流程图如图 11-16 所示。

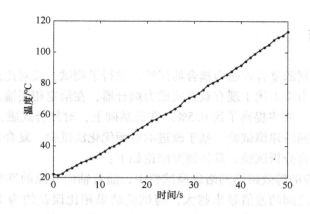

图 11-15　复合式磁力耦合器堵转时的温升特性

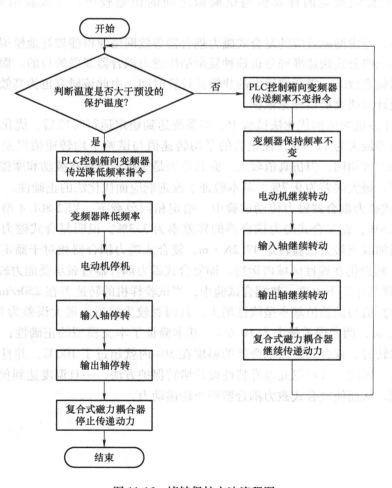

图 11-16　堵转保护方法流程图

11.4 本章小结

本章利用自行研制的复合式磁力耦合器试验台进行了测试，经对比试验后发现，复合式磁力耦合器的传递动力能力优于现有双盘式磁力耦合器，在给定相同输入转速时，平均输出转矩提高了约 30.4%，效率提高了约 0.5%。在此基础上，对复合式磁力耦合器进行了考虑漏磁效应的等效磁路网络建模试验、基于改进响应面优化法试验、复合式磁力耦合器机械特性试验、永磁—热耦合分析试验。具体研究结论如下：

1）考虑漏磁效应的等效磁路网络建模试验中，随着轴向气隙的逐渐减小，忽略漏磁效应的计算值与试验值之间的差值越来越大，与试验结果相比误差约为 13.8%；而考虑漏磁效应的计算值与试验值之间的误差较小，与试验结果相比误差约为 5.6%；随着转差率的逐渐增加，忽略漏磁效应的计算值与试验值之间的差值越来越大，与试验结果相比误差约为 19.6%；而考虑漏磁效应的计算值与试验值之间的误差较小，与试验结果相比误差仅为 7.5%。

综上所述，考虑漏磁效应的复合式磁力耦合器等效网络建模能较好地模拟实际情况，达到了运用简单磁路公式快速准确分析该种复杂结构磁力耦合器漏磁的目的。而传统三维有限元方法计算漏磁系数时，需耗费巨大的建模及计算时间，由此该研究也为高效进行复合式磁力耦合器的设计与研究提供理论依据。

2）在基于改进响应面优化法试验中，当系统达到稳定运行阶段后，优化后的转矩值与试验转矩值误差最大为 11.9%，优化后的平均转速值与试验平均转速值误差最大为 5.3%，两者曲线形态大致相同，但仿真值较大，究其原因是实际系统存在波动和摩擦等大量非线性和不确定因素，最大误差为 9.7%，基本验证了改进响应面优化法的正确性。

3）复合式磁力耦合器磁力传动试验中，给定相同负载下，YE2-80L-4 型负载电机的最大转差率为 1.9%，而复合式磁力耦合器的转差率为 3.3%，说明复合式磁力耦合器的机械特性偏软；当加载至最大试验转矩 47.2N·m，复合式磁力耦合器相对于额定负载的转差率增加了 10%，然而仍在线性区域内运行，即复合式磁力耦合器过载承受能力较强。

4）多物理场作用下永磁—热耦合试验中，当试验样机的转速差在 250r/min 以下时，总涡流损耗的计算值与试验值基本呈线性增大，且两者较为接近，最大误差为 8.5%；转速差大于 250r/min 时，两者误差最大为 10.6%，基本验证了本文模型的正确性；当复合式磁力耦合器发生堵转时，复合式磁力耦合器的温度在 50s 内就超过了 100℃，并且温度与时间基本呈线性关系。因此，可根据此温升特性设计堵转保护方法，一旦温度达到预先设定的阈值时，切断电源，从而使复合式磁力耦合器停止传递动力。

第 12 章 结论和展望

12.1 结论

本书建立了大型带式输送机永磁涡流传动的数学模型，同时对传动、磁场分析、控制策略、结构优化、温度场分析以及涡流损耗进行研究，并基于永磁涡流传动实验台进行特性测试，并在此基础上紧密联系煤矿工程需求，开展多物理场耦合作用下复合式磁力耦合器的结构设计以及磁力传动理论研究。围绕上述关键科学问题，本书提出了一种新型复合式磁力耦合器，考虑漏磁效应建立了等效网络模型；运用化"场"为"路"法建立了输出转矩的数学模型；基于改进响应面优化法对结构参数进行优化；利用磁热耦合法精确分析了总涡流损耗与温升特性；设计并研制了复合式磁力耦合器的动态试验台与 LabVIEW 测试系统，依次测试了磁力耦合器的磁力传动特性、温升特性以及动态输出特性等。主要研究成果如下：

1) 联立电动机、减速器和带式输送机的工作特性，基于磁路法得到大型带式输送机永磁涡流传动的数学模型。模拟了双盘式磁力耦合器在实际工况下的气隙磁场及感应电流分布，同时对涡流损耗进行了有限元计算。分析结果表明：双盘式磁力耦合器的磁通密度最大值出现在永磁转子处，相邻回路的叠加区域较其他区域的感应电流密度更为密集，涡流损耗的仿真数值与理论计算结果的相对误差为 9.64%，验证了理论模型的正确性。

2) 提出一种带式输送机永磁涡流传动系统，该系统主要包括：双盘式磁力耦合器、气隙调节装置、控制器、电动机、减速器和带式输送机，用于实现带式输送机的传动与调速。研究带式输送机永磁涡流传动系统的控制反馈原理，模拟仿真 Harrison 曲线传动过程，同时对多电动机功率平衡气隙调节控制进行理论研究分析。结果表明：建立模型仿真 Harrison 曲线起动，仿真结果显示逼近理论 Harrison 曲线，验证了建立模型的准确性。

3) 利用三维有限元仿真软件对双盘式磁力耦合器进行仿真分析，分别分析了工作气隙、永磁体个数、面积、永磁体厚度以及铜盘厚度对输出转速与输出转矩的影响。结果表明：气隙对双盘式磁力耦合器输出转速的影响较大；随着单盘永磁体个数减少，输出转速降低，可传递的最大稳定转矩减小；随着永磁体横截面积的增加，输出转速增加；随着永磁体厚度逐渐增加，输出转速也逐渐增加；随着铜盘厚度的增加，双盘式磁力耦合器输出转速先增加后降低。

4) 将双盘式磁力耦合器导体转子的背面加装弧形散热片，通过最小热阻法推导出了其热阻解析式，并用 Matlab 进行了弧形散热片参数的最优化参数设计。通过多物理场有限元软件对双盘式磁力耦合器及散热装置进行了流固耦合的湍流热场仿真，由结果可知：轴向加

强风量为 $10m^3/min$ 时，在相同工况下，系统的最高温度出现在铜转子的中心侧位置，为 70.4℃，导体轭铁处的最高温度为 68℃；散热装置的最高温度出现在散热片基板上，为 64.5℃，最低温度在散热片顶端位置，为 54℃。为尽可能改善装置散热效果，进一步分析了散热装置 5 个变量参数对双盘式磁力耦合器最高温度及整体质量的影响。这对在设计散热装置时，综合考虑成本、效率以及制造工艺具有一定的参考价值。

5）基于 45kW 永磁涡流传动试验台开展实验研究，对双盘式磁力耦合器的工作特性、带式输送机传动模拟、滑脱点测量、起动电流变化、功率平衡和温升特性进行测试。当气隙为 12mm 时，理论转速与实际转速误差仅为 2.79%，可以通过气隙的调节实现带式输送机的传动；当气隙为 3mm 时，带式输送机永磁涡流传动系统的传递效率高达 96.8%，具有高效节能环保的优点。大型带式输送机运用双盘式磁力耦合器直接起动时，得到起动瞬间最大工作电流的峰值是正常工作电流的 1.2 倍，可以起到保护电网的作用；当输入转速和输出转速相等时，可以通过气隙调节实现功率调节，当其中一个功率过大（过小）时，可以通过增加（减小）铜盘和永磁体盘之间的气隙大小，实现功率平衡；散热片表面温度在双盘式磁力耦合器运行 25min 左右达到稳定，温度达到 78.8℃；随着轴向风量的不断加大，散热片表面温度不断降低，当风量达到 $10m^3/min$，散热盘温度为 73.2℃，双盘式磁力耦合器可以正常高效工作。同时，在相同工况下，径向的加强风较轴向的降温效果更为显著，并且实验值与仿真值响度误差均在 10℃ 以内，验证了理论模型的正确性。

6）复合式磁力耦合器的特殊结构致使漏磁计算难度较大。因此，准确计算该种磁力耦合器各部分的漏磁具有重要的意义。考虑漏磁效应，建立了复合式磁力耦合器等效磁路网络模型，由此得到了漏磁系数的计算公式；采用三维有限元法仿真复合式磁力耦合器的漏磁系数，并将其与漏磁系数的计算值相比较，平均误差仅为 8.7%；分析了四个漏磁参数 α、β、γ 及 η 在总漏磁中所占权重。结果显示：相较于复合漏磁 α，其余三个漏磁数值较小；漏磁系数计算值、三维有限元分析值与试验值之间吻合较好；与忽略气隙漏磁效应的情况相比，考虑气隙漏磁分析计算后的复合式磁力耦合器输出转矩值与试验值更接近，计算值更精确。与传统三维有限元法相比，考虑漏磁效应的复合式磁力耦合器等效网络建模过程较为简单，计算时间也较短。

7）根据新型复合式磁力耦合器的结构特点，应用化"场"为"路"的方法，建立了气隙磁场的计算公式；基于电流叠加性，将电流折算到铜导体表面，并沿圆周方向对感生电动势进行积分，建立了空间磁场的输出转矩模型。当转差率相同时，理论值、仿真值及试验值三者之间的差距小于 10%；在同等体积条件下，相较于普通双盘式磁力耦合器，复合式磁力耦合器传递的转矩增大了 30.7%；与配备相同容量异步电动机的矿山机械相比，配备复合式磁力耦合器的矿山机械的线性工作区域较宽，机械特性较软，因此过载保护能力更强。

8）针对复合式磁力耦合器结构参数对其动态特性的影响，应用 Maxwell Ansoft 与 Design Expect 8.0 软件，设计多因素多响应值二次正交旋转组合试验对复合式磁力耦合器结构参数进行改进的响应曲面法优化分析，寻求复合式磁力耦合器最优的结构布局与参数，并自行设计试验验证了优化参数的正确性。优化后的复合式磁力耦合器磁场的磁通密度较优化前提高了 5.096 倍。试验结果显示，最大转矩的优化值与试验值最大误差为 3.9%，验证了优化方法的正确性。

9）针对复合式磁力耦合器在三维磁场仿真中忽略了涡流热量对输出转矩计算的影响，提出了一种基于永磁—热耦合场的三维有限元分析方法，应用 Ansoft Maxwell 与 Ansys Workbench 软件搭建永磁—热耦合模型，分析涡流热量对铜导体与永磁体性能的影响，将涡流产生的热功率作为热源载荷依次导入 Transient Thermal 模块的温度场，再将温度场的仿真结果修正复合式磁力耦合器的性能参数。研究结果显示，计算值与试验值之间吻合较好，应用永磁—热耦合分析方法能够准确地分析复合式磁力耦合器温度分布。

主要创新点：

1. 针对煤矿井下特殊环境，提出了一种结构新颖的复合式磁力耦合器

针对煤矿井下特殊工作环境，综合分析现有磁力耦合器的结构特点和工作特性，创新研制了复合式磁力耦合器试验样机，具有大转矩、小体积与缓冲起动等优点，因此，将复合式磁力耦合器应用于煤矿井下，是一项很有前景的研究性工作。

2. 考虑三维度漏磁损耗效应，构建多场耦合作用下复合式磁力耦合器传动系统数学模型

传统三维有限元方法计算漏磁系数时，需耗费巨大的建模及计算时间。构建了复合式磁力耦合传动系统数学模型，推导了复合式磁力耦合器输出转矩和涡流耗散效应公式，实现了运用简单磁路公式快速精准分析该种复杂结构磁力耦合器漏磁的目的。该研究也为复合式磁力耦合器的设计与研究提供了理论依据。

3. 提出一种基于改进响应面法优化的三维永磁—热耦合分析新方法

引入改进响应面法，优化复合式磁力耦合器的结构参数，并以此为基础提出了一种永磁—热多物理场的三维有限元分析方法，搭建磁场—热力学多物理场仿真平台，再将仿真结果修正复合式磁力耦合器的性能参数。研究结果显示，输出转矩的计算值与试验值之间吻合较好，应用永磁—热耦合分析方法能够精准地分析复合式磁力耦合器温度分布。

4. 基于磁路理论推导出永磁涡流传动气隙-转矩方程

利用能量守恒定律与电动机、联轴器、减速器等工作特性方程联立，推导出带式输送机永磁涡流传动系统数学模型，获取永磁涡流传动系统盘间气隙与输出转矩的量化关系，并用三维有限元软件进行分析修正，并提出大型带式输送机永磁涡流传动系统控制策略。

5. 提出大型带式输送机永磁涡流传动系统

通过对盘间气隙的精确控制，改变系统输出转矩与转速，进而驱动带式输送机按着预设速度曲线运行，完成输送系统的软起制动，改善大型带式输送机的性能。力争突破国外企业在大型带式输送机调速领域的技术封锁，研制具有完全自主知识产权的大型带式输送机传动装置。

12.2　展望

由于研究水平、实验场所和研究时间限制，本书主要对大型带式输送机永磁涡流传动装置进行研究，并取得了一定的成果。为了进一步提高复合式磁力耦合器的磁力传动能力，增强其可靠性与稳定性，完善复合式磁力耦合器试验台的功能与测试能力，作者认为还需要在以下几个方面展开更深入的研究：

1）双盘式磁力耦合器优势是在产生大转矩的情况下，双铜盘和双永磁体盘之间产生的轴向力大小相等，方向相反，相互抵消。但在实际运用中，铜盘和永磁体盘由于安装误差，存在两个铜盘和永磁体盘气隙大小不同，且双盘式磁力耦合器实际运转时产生的振动也会导致两端铜盘和永磁体盘之间气隙大小不等。以后可以研究两端气隙不同时产生的轴向力和对输出转速的影响。

2）传动过程中，安装误差、热变形等因素造成的磁体盘与导体盘不对中现象不可以避免，而当导体盘与磁体盘发生偏移时，盘间磁场弱化，两盘边缘上的磁力线严重畸变，产生端部效应，此时经典电磁理论关于磁力耦合器两盘间均匀磁场的假设将不再适用。随着导体盘与磁体盘发生偏移量的继续增加，系统输出力矩呈现出复杂的变化规律，进而出现输出转矩波动，不利于系统传动的平顺性，更会对大型带式输送机传动装置的精确性和可控性造成严重影响。目前人们对磁力传动系统端部效应还知之甚少，而现有关于直线电动机端部效应的计算方法也并不适用于此。

3）由于该试验台只是在室内测试了复合式磁力耦合器的性能，下一步应当积极联系磁力耦合器生产厂商以及煤矿企业，通过井下现场工况来验证复合式磁力耦合器的真实性能，为复合式磁力耦合器的研发提供更可靠的实际数据，为日后市场化提供现场佐证。

4）从新型永磁材料出发，寻找耐高温磁性材料，增加永磁体磁能积，增加传递的转矩，研制开发更大功率的复合式磁力耦合器。

参 考 文 献

[1] 郑德凤，臧正，孙才志，等. 基于生态系统服务理论的中国绿色经济转型预测分析 [J]. 生态学报，2014，34 (23)：7137-7147.

[2] 宋澜，王法，邵长星，等. 一种新型永磁驱动操作机构及其控制方案 [J]. 中国机械工程，2011 (9)：1049-1053.

[3] 毛亮亮，王旭东. 一种新颖的分段式优化最大转矩电流比算法 [J]. 中国电机工程学报，2016，36 (5)：1404-1412.

[4] 葛研军，石运卓，贾峰，等. 永磁式异步磁力耦合器漏磁系数计算 [J]. 机械设计与制造，2013 (7)：67-70.

[5] 诸自强. 永磁电机研究的新进展 [J]. 电工技术学报，2012，27 (3)：7-17.

[6] MEZANI S, ATALLAH K, HOWE D. A high-performance axial-field magnetic gear [J]. Journal of Applied Physics, 2006, 99 (8): 2844-2852.

[7] YAN S, CHEN Y, LI C, et al. Differential twin receiving fiber-optic magnetic field and electric current sensor utilizing a microfiber coupler [J]. Optics Express, 2015, 23 (7): 9407-9414.

[8] 张泽东. 永磁磁力耦合器设计与关键技术研究 [D]. 沈阳：沈阳工业大学，2012.

[9] 阮文韬. 煤矿电动机应急调速系统设计 [J]. 工矿自动化，2016，42 (11)：55-58.

[10] 林勇，董淑棠，申生太，等. 刮板输送机用隔爆兼本质安全型交流变频器研发 [J]. 煤炭科学技术，2016，44 (5)：166-171.

[11] 程刚，郭永存，王爽，等. 磁力耦合器散热盘传热特性分析与结构参数改进 [J]. 长江大学学报（自然科学版），2017，14 (9)：22-27.

[12] 吕蕾. 盘式调速异步磁力耦合器的结构参数与性能研究 [D]. 镇江：江苏大学，2015.

[13] MILLION M, DIALLO A, RAOULT D. Gut microbiota and malnutrition [J]. Microbial Pathogenesis, 2016, 12 (2): 2234-2241.

[14] KANG H B, CHOI J Y. Parametric analysis and experimental testing of radial flux type synchronous permanent magnet coupling based on analytical torque calculations [J]. Journal of Electrical Engineering & Technology, 2014, 9 (3): 926-931.

[15] KIM K T, JIN H. Optimization of magnetic flux-path design for reduction of shaft voltage in IPM-type bLDC motor [J]. Journal of Electrical Engineering & Technology, 2014, 9 (6): 2187-2193.

[16] KIM C W, CHOI J Y. Parametric analysis of tubular-type linear magnetic couplings with halbach array magnetized permanent magnet by using analytical force calculation [J]. Journal of Magnetics, 2016, 21 (1): 110-114.

[17] 王振. 大功率齿轮调速装置关键设计技术研究 [D]. 北京：机械科学研究总院，2013.

[18] 杨超君，王晶晶，顾红伟，等. 鼠笼转子磁力联轴器空载气隙磁场有限元分析 [J]. 江苏大学学报（自然科学版），2010，31 (1)：68-71.

[19] 杨超君，郑武，李直腾，等. 可调速异步盘式磁力联轴器性能参数计算 [J]. 中国机械工程，2011 (5)：604-608.

[20] 孙中圣，周丽萍，王向东，等. 筒式永磁调速器的磁场分析与特性研究 [J]. 中国机械工程，2015，26 (13)：1742-1747.

[21] 葛研军，袁直，贾峰，等. 笼型异步磁力耦合器机械特性与试验 [J]. 农业工程学报，2016，32

(12)：68-74.

[22] LUBIN T, MEZANI S, REZZOUG A. Simple analytical expressions for the force and torque of axial magnetic couplings [J]. IEEE Transactions on Energy Conversion, 2012, 27 (2)：536-546.

[23] HONG S A, CHOI J Y. Comparison and torque analysis for magnetic gear with parallel/halbach magnetized PMs according to design parameters [J]. IEEE Transactions on Magnetics, 2014, 24 (5)：152-159.

[24] TSAI M C, CHIOU K Y, WANG S H, et al. Characteristics measurement of electric motors by contactless eddy-current magnetic coupler [J]. Magnetics IEEE Transactions on, 2014, 50 (11)：1-4.

[25] 万援. 调速型稀土永磁磁力耦合器的性能研究 [D]. 沈阳：沈阳工业大学, 2013.

[26] 牛耀宏. 矿用永磁磁力耦合器设计理论及实验研究 [D]. 北京：中国矿业大学（北京）, 2014.

[27] 杨超君, 王晶晶, 顾红伟, 等. 鼠笼转子磁力联轴器空载气隙磁场有限元分析 [J]. 江苏大学学报（自然科学版）, 2010, 31 (1)：68-71.

[28] 葛研军, 贾峰, 石运卓, 等. 笼型切向式磁力耦合器永磁体尺寸折算及机械特性验证 [J]. 现代制造工程, 2013 (10)：25-28.

[29] 梅顺齐, 张智明, 徐巧, 等. 轴向磁力耦合驱动机构的设计方法研究进展 [J]. 中国机械工程, 2011, 22 (19)：2375-2381.

[30] 张洪军, 包丽, 李旭艳. 同轴圆筒式磁力耦合器启动特性研究 [J]. 工程设计学报, 2012, 19 (6)：489-493.

[31] 杨超君, 管春松, 丁磊, 等. 盘式异步磁力联轴器传动特性 [J]. 机械工程学报, 2014, 50 (1)：76-84.

[32] 牛耀宏, 孟国营. 矿用永磁耦合联轴器过载保护研究 [J]. 煤炭工程, 2014, 46 (2)：106-107.

[33] 杨超君, 孔令营, 张涛, 等. 调磁式异步磁力联轴器三维气隙磁场研究 [J]. 机械工程学报, 2016, 52 (8)：8-15.

[34] 何富君, 仲于海, 张瑞杰, 等. 永磁涡流耦合传动特性研究 [J]. 机械工程学报, 2016, 52 (8)：23-28.

[35] 李玉瑾, 李德政, 孟莹. 带式输送机启动系数的动力学计算 [J]. 煤炭工程, 2015, 47 (12)：13-15.

[36] 董晓钧. 煤矿井下机械设备管理与故障诊断 [J]. 煤炭工程, 2015, 47 (1)：63-65.

[37] 高建伟. 煤矿机电设备检修与优化探讨 [J]. 科技风, 2014 (24)：136.

[38] 马涛, 韩刚, 刘云峰. 长距离带式输送机驱动装置动力学特性的研究 [J]. 太原科技大学学报, 2013, 34 (2)：133-137.

[39] 郑茂全, 侯媛彬, 宋春峰, 等. 双机驱动的煤矿带式输送机多级模糊均衡控制 [J]. 煤炭学报, 2015, 40 (S2)：546-552.

[40] 侯洁. 煤矿井下带式输送机选型分析 [J]. 中国机械, 2015 (19)：65-66.

[41] 赵洪羽. 大功率调速型液力偶合器泵轮力矩系数研究 [D]. 哈尔滨：哈尔滨工业大学, 2013.

[42] ANDERSSON H, NORDIN P, BORRVALL T, et al. A co-simulation method for system-level simulationof fluid-structure couplings in hydraulic percussion units [J]. Engineering with Computers, 2017, 33：317-333.

[43] 柴博森, 项玥, 马文星, 等. 制动工况下液力偶合器流场湍流模型分析与验证 [J]. 农业工程学报, 2016 (3)：34-40.

[44] 张建国. 变频调速系统与调速型液力耦合器应用于大型带式输送机的比较 [J]. 装备制造与教育, 2015 (3)：27-29.

[45] 崔建中, 王存堂, 谢方伟, 等. 液粘传动界面间油膜态数值模拟研究 [J]. 流体传动与控制, 2015 (3)：40-45.

［46］雷晓霞. 液体粘性调速离合器的工作特性分析［J］. 中国科技博览，2012（26）：56-56.

［47］谢方伟. 温度场及变形界面对液粘传动特性影响规律的研究［D］. 徐州：中国矿业大学，2010.

［48］LEI S H，YOU G D，LI J S，et al. Frequency Driving Control System Study on BeltConveyor Based on Long-Term Transmission Inverter［J］. Journal of Computational & Theoretical Nanoscience，2012，11（1）：462-468.

［49］苗继军，姜明学，刘朋元，等. 变频技术在带式输送机远距离运输中的应用［J］. 工矿自动化，2013，39（4）：105-108.

［50］RAJI N A，ERAMEH A A，YUSSOUFF A A，et al. Linear motor for drive of belt conveyor［J］. Modern Mechanical Engineering，2016，6（1）：32-43.

［51］变频器及主要知名厂家介绍［EB/OL］. （2017-01-20）［2021-12-31］. http：//www. bpq8. com/html/2015/0531/86.html.

［52］MICHAEL P C，HENSLEY S L，GALEA C A，et al. Noncontact high-torque magnetic coupler for supercon-ducting rotating machines［J］. IEEE Transactions on Applied Superconductivity，2016，26（4）：1-5.

［53］田庄，黄永钢. 调速液力耦合器振动原因分析及处理［J］. 振动与冲击，2010，29（4）：222-225.

［54］石宁，邓永胜，毛金峰. 液力耦合器多滚筒传动带式输送机的功率平衡［J］. 西安科技大学学报，2011，31（4）：463-467.

［55］袁文琦，李栋，刘跃，等. 40kW刮板输送机的矿用永磁耦合器设计［J］. 煤炭工程，2014，46（11）：131-133.

［56］侯惠萍. 阀控调速型液力偶合器的可靠性分析［D］. 太原：太原理工大学，2013.

［57］李锋，林路平，戚晓利，等. 鼓形齿联轴器全齿动态力学研究［J］. 机械传动，2016（4）：20-23.

［58］陈于涛，陈林根，倪何，等. 基于演化算法的液力耦合器自动建模及运行特性分析［J］. 机械工程学报，2013，49（16）：153-159.

［59］孟永庆，王健，李磊，等. 考虑风机转速限制及卸荷电路优化的永磁同步电机新型低电压穿越协调控制策略［J］. 中国电机工程学报，2015，35（24）：6283-6292.

［60］MOHAMMADI S，MIRSALIM M，VAEZ-ZADEH S，et al. Analytical modeling and analysis of axial-flux in-terior permanent-magnet couplers［J］. IEEE Transactions on Industrial Electronics，2014，61（11）：5940-5947.

［61］葛研军，石运卓，贾峰，等. 永磁式异步磁力耦合器漏磁系数计算［J］. 机械设计与制造，2013（7）：67-70.

［62］王念先. 大气隙混合磁悬浮轴承相关理论及设计方法的研究［D］. 武汉：武汉理工大学，2013.

［63］宫晓，徐衍亮. 轴向磁场盘式永磁电机等效磁路网络及气隙漏磁的分析计算［J］. 电机与控制学报，2013，17（10）：59-64.

［64］蔡金标，陈勇，严蔚. 基于三维有限元分析的压电阻抗模型及其应用［J］. 浙江大学学报（工学版），2010，44（12）：2342-2347.

［65］杨超君，郑武，李志宝. 可调速异步盘式磁力联轴器的转矩计算及其影响因素分析［J］. 电机与控制学报，2012，16（1）：85-91.

［66］韩笑，蒋欣卓，林平，等. 基于Maxwell软件10kW标准型磁力耦合器的有限元分析［J］. 机电设备，2016，33（2）：1-7；30.

［67］万援. 调速型稀土永磁磁力耦合器的性能研究［D］. 沈阳：沈阳工业大学，2013.

［68］杨超君，王晶晶，顾红伟，等. 鼠笼转子磁力联轴器空载气隙磁场有限元分析［J］. 江苏大学学报（自然科学版），2010，31（1）：68-71.

［69］方军，陶红艳，余成波. 基于Ansoft的圆筒式永磁调速器传动特性影响因素分析［J］. 重庆理工大学

学报（自然科学版），2015，29（12）：64-70.

[70] 兰志勇，杨向宇，郑超迪，等. 内嵌式永磁同步电机设计中改进型磁路分析 [J]. 微电机，2010，43（11）：14-17.

[71] 章友京. 盘式异步磁力耦合器变负载调速系统的工作性能研究 [D]. 镇江：江苏大学，2016.

[72] 陈宏奎，张炳福，朱立平. 基于 Ansoft 的永磁磁力耦合器转矩特性研究 [J]. 煤炭技术，2017，36（3）：288-291.

[73] 吕蕾. 盘式调速异步磁力耦合器的结构参数与性能研究 [D]. 镇江：江苏大学，2015.

[74] 韩红彪，吴育兵，张永振，等. 直流磁场下销盘摩擦过程中的电磁感应力矩分析 [J]. 摩擦学学报，2015，35（1）：31-36.

[75] 葛研军，贾峰，石运卓，等. 笼型切向式磁力耦合器永磁体尺寸折算及机械特性验证 [J]. 现代制造工程，2013（10）：25-28；119.

[76] 黄志新. ANSYS Workbench 16.0 超级学习手册 [M]. 北京：人民邮电出版社，2016.

[77] 孟曙光，熊万里，王少力，等. 有限体积法与正交试验法相结合的动静压轴承结构优化设计 [J]. 中国机械工程，2016，27（9）：1234-1242.

[78] CHANDRAMOULI P, HERNANDEZ-LOPEZ R. Validation of the orthogonal tilt reconstruction method with a biological test sample [J]. Journal of Structural Biology, 2011, 175 (1): 85-96.

[79] 王文杰，袁寿其，裴吉，等. 基于 Kriging 模型和遗传算法的泵叶轮两工况水力优化设计 [J]. 机械工程学报，2015，51（15）：33-38.

[80] GONÇALVES J F, RESENDE M G C, COSTA M D. A biased random-key genetic algorithm for the minimization of open stacks problem [J]. International Transactions in Operational Research, 2014, 23 (1-2): 25-46.

[81] 任天宝，马孝琴，徐桂转，等. 响应面法优化玉米秸秆蒸汽爆破预处理条件 [J]. 农业工程学报，2011，27（9）：282-286.

[82] ATTAR P J, DOWELL E H. Stochastic analysis of a nonlinear aeroelastic model using the response surface method [J]. Journal of Aircraft, 2015, 43 (4): 1044-1052.

[83] LIAN R J. Adaptive self-Organizing fuzzy sliding-Mode radial basis-function neural-network controller for robotic systems [J]. IEEE Transactions on Industrial Electronics, 2014, 61 (3): 1493-1503.

[84] 秦国华，赵旭亮，吴竹溪. 基于神经网络与遗传算法的薄壁件多重装夹布局优化 [J]. 机械工程学报，2015，51（1）：203-212.

[85] 隋允康. 响应面方法的改进及其对工程优化的应用 [M]. 北京：科学出版社，2011.

[86] 王宇，李晓，徐荣忠，等. 滑坡模糊可靠性评价的改进响应面法及优化研究 [J]. 水利学报，2014，45（5）：595-606.

[87] 王旭，王大志，刘震，等. 永磁调速器的涡流场分析与性能计算 [J]. 仪器仪表学报，2012，33（1）：155-160.

[88] 佟强. 基于改进有限元分析的永磁调速器性能研究 [D]. 大庆：东北石油大学，2015.

[89] 张晓敏，陈立群，张龙. 按非 Fourier 定律分析陶瓷薄膜受热沉积作用的热力耦合问题 [J]. 重庆大学学报（自然科学版），2013，36（5）：113-118.

[90] 李贺，尹海清，易善杰，等. 烧结温度对高速压制制备弥散强化铜材料导电率的影响 [J]. 工程科学学报，2015，37（5）：621-625.

[91] 王标. 新型直线旋转运动磁力耦合器的设计与分析 [D]. 南京：东南大学，2016.

[92] 王延伟，于翔，闫新，等. 聚酰胺 66/钕铁硼复合材料流变性能研究 [J]. 塑料科技，2015，43（8）：23-27.